Python基础与数据分析

孙炯宁　游学军　等编著

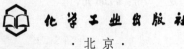

化学工业出版社

·北京·

内容简介

全书共 8 个项目，内容包含：开发环境搭建、Python 语法基础实现、Python 的序列操作、函数实现、面向对象编程、文件操作、Numpy 数值计算、Pandas 统计分析。每个项目先给出知识目标、能力目标和素质目标，再通过设计若干小任务引出主要知识点，重在培养读者采用 Python 语言进行数据分析的基本思想与方法，突出分析与解决问题的思路，强化读者良好的编程规范与风格，充分体现软件职业素养要求。

书中每个案例的操作都有录屏，读者可以通过扫描书中二维码观看视频完成代码编写学习。同时，本书还附赠课件等资源。

本书结构新颖，突出实践性与应用性，可作为高职高专大数据技术、软件技术、云计算技术应用及其他计算机相关专业的教学用书或培训教材，也可供计算机爱好者自学参考。

图书在版编目（CIP）数据

Python 基础与数据分析 / 孙炯宁等编著. —北京：
化学工业出版社，2022.2（2023.8重印）
ISBN 978-7-122-40447-3

Ⅰ.①P··· Ⅱ.①孙··· Ⅲ.①软件工具-程序设计
Ⅳ.①TP311.561

中国版本图书馆 CIP 数据核字（2022）第 010445 号

责任编辑：王清颢　　　　　　　　　　文字编辑：蔡晓雅　师明远
责任校对：王　静　　　　　　　　　　装帧设计：王晓宇

出版发行：化学工业出版社（北京市东城区青年湖南街 13 号　邮政编码 100011）
印　　装：北京天宇星印刷厂
710mm×1000mm　1/16　印张 17　字数 333 千字　2023 年 8 月北京第 1 版第 2 次印刷

购书咨询：010-64518888　　　　　　　售后服务：010-64518899
网　　址：http://www.cip.com.cn
凡购买本书，如有缺损质量问题，本社销售中心负责调换。

定　　价：69.00 元　　　　　　　　　　　　　　　　　版权所有　违者必究

前言
PREFACE

作为当下广泛使用的高级程序设计语言，Python 语言在数据处理、数据分析等方面明显优于其他高级语言。

Python 与数据分析是高职高专院校计算机与电子信息类专业的一门重要技术基础课，在各专业的教学中占有重要地位，是许多后续专业课程的基础。

本书旨在使读者掌握 Python 语言的基本语法、语句、索引、列表以及面向对象的程序设计基本思想和方法，使读者认识到算法、良好的程序设计风格在程序设计中的重要性，培养读者熟练使用 Python 语言编程分析和解决数据问题的能力，也使读者在今后学习其他高级编程语言时，能灵活应用这些思想和方法。

本书按照项目化教学改革的思路编写，全书共 8 个项目，每个项目拆分为若干小任务，任务完成即学习了知识点和技能点，通过思维导图形式给出每一个项目应掌握的技术点和学习点，读者可以从中了解到每个项目的学习内容，整体把握自己的学习情况。本书循序渐进地对 Python 的各种语法和使用技巧进行了介绍，读者可以系统掌握 Python 的知识和技术点，并结合每一项目所配套的子任务完成学习，达到掌握知识点并更好地进行开发实践的目的。

本书由孙炯宁、游学军策划与统稿，孙炯宁负责项目 1～项目 4 和项目 6～项目 8，游学军负责项目 5，全书由孙炯宁老师主编并统稿，由陈营营、邹玉娟老师完成部分操作视频录制。本书的编写得到了江苏省青蓝工程优秀教学团队的支持，也得到了一些前辈的帮助与指导，也参考了 CSDN 上面的部分文章，在此一并表示感谢。

由于编者水平所限，难免有不当之处，敬请各位专家、同行与读者指正。

编著者
2021 年 07 月于南京

目录
CONTENTS

项目一
开发环境搭建

学习
目标

知识目标
- ◉ 了解 Python 语言的发展史、特点和应用领域。
- ◉ 熟悉 Python 语言程序的编码结构。
- ◉ 了解 Python 语言的基本语法。

能力目标
- ◉ 认识编程规范与编程风格的重要性。
- ◉ 了解 Pycharm 开发环境的配置。
- ◉ 能模仿编写一个符合 Python 语言规范的简单 Python 语言程序。

素质目标
- ◉ 强化学生对数据强国的理解,树立学生对祖国的自豪感。
- ◉ 培养学生做事认真严谨的态度。

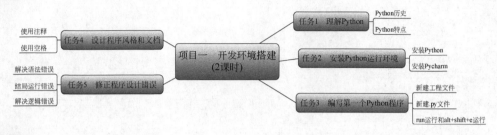

　　程序设计语言有很多种，每种语言都是为了其特定的实现目标而发明的，学好学精一门语言，就会发现其他语言学习也是容易的。本书从基础知识开始了解 Python 的历史、特点、编码结构及算法描述，其中重点是掌握 Python 语言上机操作流程和编程规范，做好这一步，真正属于你的编程世界就会打开。

任务 1
理解 Python

任务书

　　大数据技术在我国的应用前景？Python 是什么？它的作用是什么？Python 版本迭代的变迁史是什么？它的特点是什么？

工作准备

提示 1：大数据在我国的发展态势

　　进入 21 世纪以来，网络和信息技术开始渗透进人类日常生活的方方面面，产生

的数据量也呈现指数型增长的态势，数据分析作为大数据技术重要的组成部分，也随着大数据技术的逐渐发展而日趋成熟。在我国，大数据已成为国家重要的基础性战略资源，正引领新一轮科技创新，推动经济发展。《2020 中国大数据产业发展白皮书》给出了我国目前大数据发展的词云。我国数据中心机架规模达到 227 万架，在用互联网数据中心（IDC）数量 2213 个，投资规模达 3698 亿元，规模已经达到一定量级。排名中国 50 强的榜首就是华为技术有限公司（简称华为），华为是全球领先的 ICT（信息与通信）基础设施和智能终端提供商。它提供面向我国大数据全产业的服务，包含数据存储、大数据平台建设、数据服务和金融、交通等应用融合服务，是大数据产业链服务公司的翘楚。

提示 2：Python 历史

Python 英文单词的意思是蟒蛇，因为它的创建者 Guido 是 BBC 电视剧《蒙提·派森的飞行马戏团》（Monty Python's Flying Circus）的忠实爱好者。因此，将自己创建的程序命名为 Python。Python 因其简单、简洁以及直观的语法和扩展库等优势成为工业界和学术界广泛使用的程序设计语言。

Python 从 ABC 发展而来，并结合了 Modula-2、Unix shell 和 C 语言的习惯。1991 年，Guido 发布了第一版 Python，从那时起，Python 就奠定了开放的基调。现在，Python 是由一个大型的志愿者团队来开发和维护的，目前是 Python 3 版本，但要注意的是 Python 3 不向后兼容，也就是 Python 2 编写的程序可能无法在 Python 3 解释器中正常运行。

提示 3：Python 语言特点

Python 是一种用途广泛，结合了解释性、交互性并面向对象的高级程序设计语言。它是一门用途广泛的语言，应用在数据分析与处理、人工智能、WEB 应用开发等方面，可以使用 Python 为任何程序设计任务编写代码。Python 是一种解释性语言，代码是被解释器翻译和执行的。Python 是用户交互性的语言，在一个 Python 提示符 " >>> " 后直接执行代码。Python 是一门面向对象的语言，是指支持面向对象的风格或代码封装在对象的编程技术，其特点如下。

① 简单，易于学习。Python 遵循"简单、优雅、明确"的设计哲学，有相对较少的关键字，结构简单，还有一个明确定义的语法，学习起来更加简单。

② 边编译边执行。Python 是解释型语言，边编译边执行。

③ 丰富的标准库。Python 最大的优势之一是功能丰富的标准库，可以跨平台使用，在 UNIX、Windows 和 Macintosh 上兼容得很好。

④ 可移植性好。基于其开放源代码的特性，Python 已经被移植（也就是使其

工作）到许多平台。

⑤ 可扩展。如果你需要一段运行很快的关键代码，或者是想要编写一些不愿开放的算法，你可以使用 C 或 C++完成那部分程序，然后从你的 Python 程序中调用。

⑥ 可嵌入。Python 可以嵌入 C/C++程序，让程序的用户获得"脚本化"的能力。

⑦ 免费和开源。Python 是 FLOSS（自由/开放源码软件）之一，允许自由地发布软件的备份、阅读和修改其源代码，将其一部分自由地用于新的自由软件中。

 工作实施

思考 1：Python 是一门什么语言？

思考 2：你知道的语言有哪些？

任务 2
安装 Python 运行环境

扫码看视频

任务书

学习任何一门语言之前，都需要安装运行环境。要使 Python 编码能够顺利运行需要安装哪些环境呢？

工作准备

提示 1：安装 Python

Windows 用户可以通过访问 python 官方网站下载软件，下载界面如图 1-1 所示，从中下载最新版本的 Python。

进入某一版本的下载页面，显示如图 1-2 所示界面，其中 x86 表示的是 32 位操作系统，Windows x86-64 适用于 64 位 Windows 操作系统。embeddable zip file 是解压安装，下载的是一个压缩文件，解压后即表示安装完成。web-based installer 表示在线安装，下载的是一个 exe 可执行程序，双击后，该程序自动下载安装文件（所

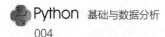

以需要有网络）进行安装。executable installer 表示程序安装，下载的是一个 exe 可执行程序，双击进行安装，使用 Windows 的用户建议采用此项安装。

Release version	Release date		Click for more
Python 3.9.8	Nov. 5, 2021	⬇ Download	Release Notes
Python 3.10.0	Oct. 4, 2021	⬇ Download	Release Notes
Python 3.7.12	Sept. 4, 2021	⬇ Download	Release Notes
Python 3.6.15	Sept. 4, 2021	⬇ Download	Release Notes
Python 3.9.7	Aug. 30, 2021	⬇ Download	Release Notes
Python 3.8.12	Aug. 30, 2021	⬇ Download	Release Notes
Python 3.9.6	June 28, 2021	⬇ Download	Release Notes

图 1-1　Python 下载界面

- Download Windows x86-64 embeddable zip file
- Download Windows x86-64 executable installer
- Download Windows x86-64 web-based installer
- Download Windows x86 embeddable zip file
- Download Windows x86 executable installer
- Download Windows x86 web-based installer

图 1-2　Windows 下安装 Python 的不同版本

　　下载后双击该 exe 文件，进入安装界面如图 1-3 所示，选择 Install Now 完成，类似于安装应用程序一样，一直点击下一步完成安装，界面如图 1-4 所示，当点击 Windows 的开始按钮时呈现的界面如图 1-5 所示。进入 Python 的 IDLE 命令行，输入 Python 提示出当前的版本号，如图 1-6 所示，当输入"import this"命令时可以显示出大名鼎鼎的 Python 之禅，保持简单、追求简单，这就是编码之中的禅，是一种回归本真的境界。

图 1-3　安装界面

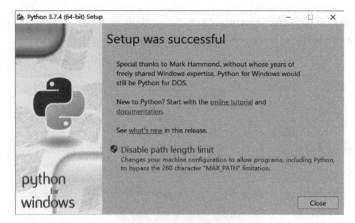

图 1-4　安装完成界面

图 1-5　安装完成后菜单显示

图 1-6　Python 命令行及大名鼎鼎的 Python 之禅

下面是 Python 之禅的内容。

- 优美胜于丑陋（Python 以编写优美的代码为目标）。
- 明了胜于晦涩（优美的代码应当是明了的，命名规范，风格相似）。
- 简洁胜于复杂（优美的代码应当是简洁的，不要有复杂的内部）。
- 复杂胜于凌乱（如果复杂不可避免，那代码间也不能有难懂的关系，要保持接口简洁）。
- 扁平胜于嵌套（优美的代码应当是扁平的，不能有太多的嵌套）。
- 间隔胜于紧凑（优美的代码有适当的间隔，不要奢望一行代码解决问题）。
- 可读性很重要（优美的代码是可读的）。
- 即便假借特例的实用性之名，也不可违背这些规则（这些规则至高无上）。
- 不要包容所有错误，除非你确定需要这样做（精准地捕获异常，不写 except:pass 风格的代码）。
- 当存在多种可能，不要尝试去猜测。
- 尽量找一种，最好是唯一一种明显的解决方案（如果不确定，就用穷举法）。
- 虽然这并不容易，因为你不是 Python 之父（这里的 Dutch 是指 Guido）。
- 做也许好过不做，但不假思索就动手还不如不做（动手之前要细思量）。
- 如果你无法向人描述你的方案，那肯定不是一个好方案；反之亦然（方案测评标准）。
- 命名空间是一种绝妙的理念，我们应当多加利用（倡导与号召）。

🐍 提示 2：安装 Pycharm

子曰："工欲善其事，必先利其器。"学习 Python 就需要有编译 Python 程序的软件，可以采用记事本编写，启动 Python 的 IDLE 命令行直接运行后缀是.py 的文件，当然也可以选择 Python 的专用编辑器，比如 Pycharm 或者是 Anaconda。其中 Pycharm 是一款功能强大的 Python 编辑器，具有跨平台性，而 Anaconda 是一个基于 Python 的数据处理和科学计算平台，它已经内置了许多非常有用的第三方库，装上 Anaconda，就相当于把 Python 和一些如 Numpy、Pandas、Scrip、Matplotlib 等常用的库自动安装好了，使安装过程比常规 Python 安装要容易。这两个应用程序安装都很方便，本书采用的是 Pycharm 的编译器，所以这里将介绍给读者如何安装 Pycharm。

Pycharm 进入的界面如图 1-7 所示。Pycharm 有两个版本：专业（Professional）和社区版（Community），其中社区版是免费的。下载社区版完成安装，安装界面如图 1-8 所示，点击 Next，选择适合的安装路径等，最后点击 Install 安装按钮开始 Pycharm 的安装，安装完成后进入 Pycharm 环境，即可实现程序编码操作。

图 1-7　Pycharm 下载界面

图 1-8　Pycharm 安装界面

工作实施

思考 1：Python 的安装有哪几步？

思考 2：Pycharm 的安装有哪几步？

任务 3
编写第一个 Python 程序

扫码看视频

任务书

完成"我爱祖国、我爱编程"的显示输出。

工作准备

提示：显示输出语句 print 的语法规则

```
print("输出字符串")
```

工作实施

1. 创建项目

选择菜单项的创建项目，给定创建的项目位置（location），给出编译器采用的是哪一个 Python 解释器，可以看出已自动获得机器所带的解释器 Python 3.6.4 版本，点击 Create 创建项目如图 1-9 所示，项目创建完成界面如图 1-10 所示。

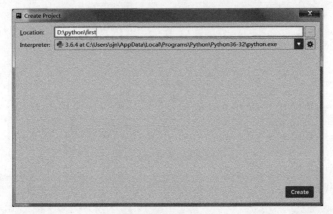

图 1-9　创建项目

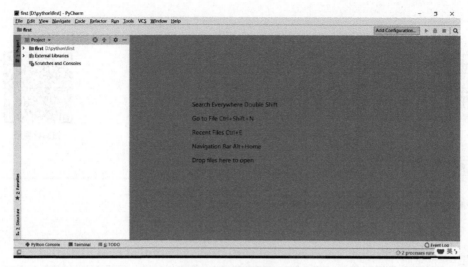

图 1-10　项目创建完成

2.　创建文件

选择菜单中的新建文件，命名为 hello.py，如图 1-11 所示，注意 Python 文件的后缀是.py，到此，我们的第一个 Python 文件就正式创建好了。

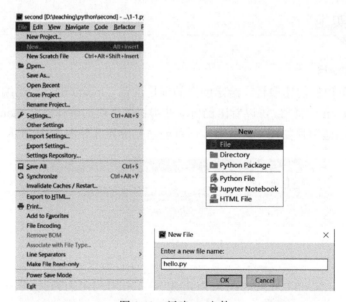

图 1-11　新建 py 文件

3.　编写代码

```
print("我爱祖国，我爱编程")
```

备注：

① Python 的源代码有大小写的区分；

② 代码前面空格表示嵌套关系；

③ 每行代码没有结束符号。

4．运行代码

（1）Run 运行

打开菜单项的 Run，打开下拉菜单，点击"Run Welcome"，程序输出结果就显示在屏幕下方的结果区，输出结果如图 1-12 所示。

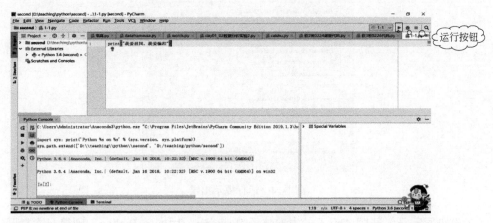

图 1-12　输出结果

（2）命令行快速执行

选中某一行代码，通过快捷键 Alt+Shift+E，命令行执行输出结果，通常这种方式可以单步调试程序，如图 1-13 所示。

图 1-13　命令行快速执行

思考：如果运行提示出错，界面如图 1-14 所示，该如何处理？

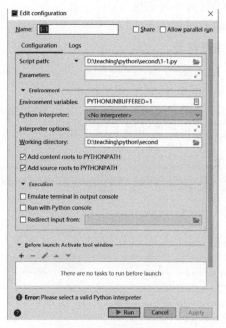

图 1-14　运行提示出错

　　出错原因是安装顺序反了，先安装了 Pycharm，后安装 Python，则第一次打开 Pycharm 时，需要首先配置 Python 解释器的位置，从菜单中文件进入，找到 Settings，打开 Project Interpreter，配置如图 1-15，图 1-16 所示。

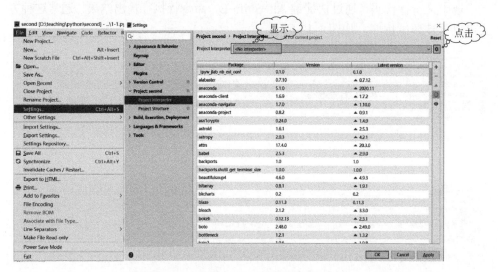

图 1-15　配置 Python 解释器位置（1）

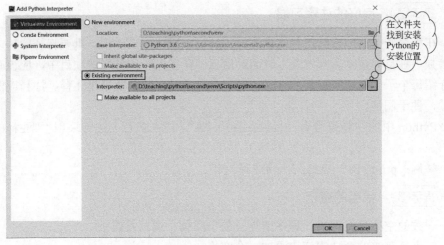

图 1-16 配置 Python 解释器位置（2）

任务 4
设计程序风格和文档

 任务书

好的程序设计风格和正确的文档撰写可以让程序易读并防止出错。什么是好的程序设计风格呢？Python 中如何添加注释？如何恰当使用空格？

工作准备

提示 1：程序设计风格和文档基本含义

程序设计风格指的是程序的整个样子。当用专业的程序设计风格创建程序时，它们不但会正确执行，而且也会易于阅读、便于理解。这对访问或修改程序的其他程序员来说是非常重要的。

文档是指一个程序的解释性注释。这些注释对程序不同部分的功能、参数等进行解释，帮助其他人更好地理解它的结构和功能。注释通常是嵌在程序内部的，当执行程序时，Python 的解释器会直接忽略它们。

提示 2：良好的注释习惯

在程序开始的地方给出总结性注释，解释该段代码的作用、重要特征、输入输出参数、独特的技术、开发者、时间等信息。在多人合作开发的项目中，应该有注释介绍每个子函数、子功能的含义，尤其是技术难点部分要给出注释。注释应简单明了，便于阅读。

Python 中的注释符号有，行前注释用"#"，段（多行）注释采用""注释的内容""。

举例：print((10 + 4*2) / 3)　#注释内容

 提示 3：恰当的空格

一致的空格风格可以让程序清晰且易于阅读、调试及维护。

一个运算符的两边都应该添加一个空格。

| print((10 + 4*2) / 3) | ←良好的程序风格

| print((10+4*2)/ 3) | ←不好的程序风格

注意：在 Python 语法中空格或者 tab 键代表的是嵌套关系，如下面代码表示的是语句块 1 是 if 表达式成立所执行的内容。

```
if    条件表达式1:
        语句块 1
    else:
        语句块 2
```

🖳 **工作实施**

思考：对第一段代码添加 print 语法格式的注释如何完成？

任务 5
修正程序设计错误

🎮 **任务书**

如何解决如图 1-17 所示程序编码出错问题？

```
C:\ProgramData\Anaconda3\python.exe D:/teaching/python/second/1-1.py
  File "D:/teaching/python/second/1-1.py", line 1
    print("我爱祖国，我爱编程)
                           ^
SyntaxError: EOL while scanning string literal
```

图 1-17　程序错误

 工作准备

提示 1：程序设计错误分类

　　程序设计错误有三类：语法错误（常见错误，当代码中出现红色下画线时一定要解决！）、运行错误和逻辑错误。

提示 2：语法错误

　　初次编程的时候，新手所犯的大多数错误是语法错误。每一门程序设计语言都有自己的语法要求，必须遵从语法规则编写代码。如果程序违反了这些规则，就会出现语法错误。语法错误一般都是代码语法错误。

```
print((10 + 4 * 2) / 3
```
图 1-18　语法错误

　　如图 1-18 所示，红色波浪线表示该位置有语法错误，经过分析发现，左边有括号，右边没有配对的括号，说明代码出错。

　　红色波浪线报的语法错误必须解决。最初编程时，解决语法错误是一个难题，你可能需要一个字符一个字符地辨认，熟悉了语法规则后，编码的速度就会上来，正确率也会随之提升，编码的成就感和快乐就会体现。所以，不要担心有错误，而是要善于排错。

提示 3：运行错误

　　运行错误是导致程序意外终止的错误。在程序运行过程中，如果 Python 解释器无法解释执行代码操作，就会出现运行错误。最常见的运行错误是输入错误。比如 a,b,c=eval(input("输入 a,b,c"))，运行后等待输入数据，如果输入的是"3 4 5"，则会报错；如果输入的是"3，4，5"，则运行通过，如图 1-19 所示。

　　此外，还有一种常见的错误是除法操作，除数为 0，如图 1-20 所示。

```
In[13]: a, b, c=eval(input("输入a, b, c"))
输入a, b, c>? 3 4 5
Traceback (most recent call last):
  File "C:\Users\Administrator\Anaconda3\lib\site-packages\IPython\core\interactiveshell.py", line 2910, in run_code
    exec(code_obj, self.user_global_ns, self.user_ns)
  File "<ipython-input-13-cda732035d22>", line 1, in <module>
    a, b, c=eval(input("输入a, b, c"))
  File "<string>", line 1
    3 4 5
In[14]: a, b, c=eval(input("输入a, b, c"))
输入a, b, c>? 3, 4, 5
```

图 1-19　运行错误

```
In[15]: print((10 + 4 * 2) / 0)
Traceback (most recent call last):
  File "C:\Users\Administrator\Anaconda3\lib\site-packages\IPython\core\interactiveshell.py", line 2910, in run_code
    exec(code_obj, self.user_global_ns, self.user_ns)
  File "<ipython-input-15-cf0156f3442f>", line 1, in <module>
    print((10 + 4 * 2) / 0)
ZeroDivisionError: division by zero
```

图 1-20　除法错误

🖨 提示 4：逻辑错误

逻辑错误是指程序无法完成原本打算完成的任务。发生这种错误的原因有很多，而且也不报错，所以需要程序员自己对语法熟练，如，图 1-21 所示两段代码，如果"3+4"外层没有加括号，计算结果就从原来的 14.0 变成了 11.0。

```
In[19]: print((3 + 4 ) * 6 / 3)
14.0
In[20]: print(3 + 4  * 6 / 3)
11.0
```

图 1-21　逻辑错误

在 Python 编码中，语法错误是被当作运行时的错误解决的。因为，程序执行时它们会被解释器检测出来。而且语法错误和运行错误非常容易解决也便于更正。通过上述示例可以获悉，Python 能够明显提示出错误代码在哪一行及其错误原因，但是逻辑错误则非常具有挑战性，貌似正确的代码，但就是运行不出想要的结果，因此，需要同学们更加细心、耐心、认真。

🖳 工作实施

① 根据错误提示给出错误原因，判断是语法错误，导致出错原因是缺少""""。
② 修改代码运行。

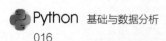

编写代码并运行

① 编写一个 Python 程序，输出如下效果。

```
welcome to my python!
welcome to my python!
welcome to my python!
welcome to my python!
```

② 编写一个 Python 程序，输出如图 1-22 所示图形效果。

```
        *
       ***
      *****
     *******
    *********
   ***********
```

图 1-22　图形

项目二
Python 语法基础实现

学习目标

知识目标

◎ 了解输入输出语句。

◎ 理解 Python 语言的常量和变量含义。

◎ 了解运算符的使用和优先级。

◎ 掌握分支结构。

◎ 掌握 if-else 语句的使用。

◎ 掌握循环结构。

◎ 掌握多种循环方式的使用。

能力目标

◎ 会用输入输出语句读入数据和显示数据。

◎ 会使用 Python 的常量和变量完成数据存储。

◎ 会使用 Python 的表达式解决实际应用问题。

- ◎ 会使用分支结构进行逻辑分支选择。
- ◎ 会使用循环结构进行数据循环处理。
- ◎ 会嵌套使用循环、选择，解决实际问题。

- ◎ 培养认真严谨的编码态度。
- ◎ 培养精益求精的编码思想。

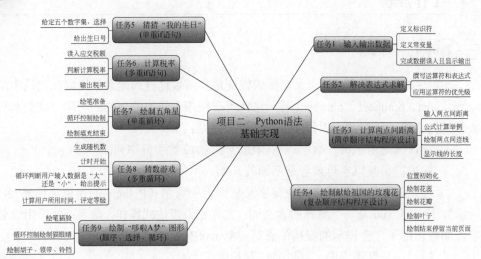

给定五个数字集，选择
给出生日号
　　任务5　猜猜"我的生日"（单顺if语句）

读入应交税额
判断计算税率
输出税率
　　任务6　计算税率（多重if语句）

绘笔准备
循环控制绘制
绘制填充结束
　　任务7　绘制五角星（单重循环）

生成随机数
计时开始
循环判断用户输入数据是"大"还是"小"，给出提示
计算用户所用时间，评定等级
　　任务8　猜数游戏（多重循环）

绘笔猫脸
循环控制绘制猫眼睛
绘制胡子、领带、铃铛
　　任务9　绘制"哆啦A梦"图形（顺序、选择、循环）

项目二　Python语法基础实现

任务1　输入输出数据
定义标识符
定义常变量
完成数据读入且显示输出

任务2　解决表达式求解
撰写运算符和表达式
应用运算符的优先级

任务3　计算两点间距离（简单顺序结构程序设计）
输入两点间距离
公式计算举例
绘制两点间连线
显示线的长度

任务4　绘制献给祖国的玫瑰花（复杂顺序结构程序设计）
位置初始化
绘制花蕊
绘制花瓣
绘制叶子
绘制结束停留当前页面

　　程序安装好了吗？万丈高楼平地起，本项目是"盖楼"的基础项目，需要学会使用程序设计的思路完成编码。通过解决本项目的每个小任务，你将会学习到基本的程序设计技巧，例如，如何使用变量、运算符、表达式。通过玫瑰花的程序控制绘制、税率计算、人机互动猜数小游戏等程序的编码，能够充分运用顺序、选择、循环程序设计流程思路解决实际问题，也可以通过创建程序、编写代码，了解深入分析问题、设计解决方案以及实施解决方案等基本的代码编写步骤。

任务 1
输入输出数据

扫码看视频

📠 任务书

如何从键盘读入数据，谁来接收？如何将内存数据显示到屏幕？

根据用户输入的半径数据，计算获得圆的周长和面积，完成输出工作。

▤ 工作准备

 提示 1：标识符

在程序编码过程中，用于命名标识像变量和函数这样的元素，比如说代码中的 r、pi、area、number1、number2 等，也就是在程序中给定的事物的名称，这类名称被称为标识符。所有的标识符必须遵从以下规则：

① 标识符是由字母、数字、下画线 "_" 构成的字符序列；

② 标识符必须以字母或者是下画线开始，不能用数字开头；

③ 标识符不能是关键字，关键字又被称为保留字（Python 的保留字如表 2-1 所示），比如说 and 是一个特殊的含义词，完成逻辑表达式操作，命名不能采用该名字，如果误用了，会提示的报错信息是：SyntaxError: invalid syntax；

④ 标识符长度不受限，可以是任意长度。

例如：area、radius 是合法标识符，但 a+4、b-3 等不是，因为它们没有遵守上述标识符的命名规则。另外，还需注意以下几点。

① Python 严格区分大小写，所以 AREA 和 area 是不同的标识符，通常标识符命名采用小写。

② 命名标识符尽量做到见名知意，使程序易于读懂。比如看到 area 想到的是计算面积，看到 radius 想到的是半径，简写的标识符可以用，但完整的单词更具有描述性，比如说 Student 能想到的是学生，如果简写成 stu 则含义表示不清晰。

③ 当命名中需要用到几个单词时，采用骆驼拼写法，即第一个字母小写，后面单词的第一个字母大写，比如说 numberOfStudents。

表 2-1　常用 Python 保留字

and	as	assert	break	class	continue	while
def	del	elif	else	except	finally	with
for	from	False	global	if	import	yield
in	is	lambda	nonlocal	not	None	True
or	pass	raise	return	try		

提示 2：常量

常量是用于表示固定值的一种标识符。其值在程序执行过程中固定不变，比如说编写计算圆面积、圆周长、圆球体积等程序时，都需要使用到 π，而且凡是用到 π 的地方，都是 3.1415 这个数字，于是我们可以使用一个描述性的名字 pi 来代表它的值，代表常量 π。在 Python 中对常量没有特殊的命名语法。

使用常量的优势是不需为一个值的多次使用进行重复性输入。

提示 3：变量

变量被用于给程序中可变化的值命名，存储在内存空间中，以变量名为名使用它。因为值可变，所以可以对变量进行不同的赋值，以变量的作用域范围来判断变量当前的具体值。例如以下代码中 a、b、c、s、area 都是变量。

```
a = float(input('输入三角形第一边长：'))
b = float(input('输入三角形第二边长：'))
c = float(input('输入三角形第三边长：'))
# 计算半周长
s = (a + b + c) / 2
# 计算面积
area = (s*(s-a)*(s-b)*(s-c)) ** 0.5
print('三角形面积为 %0.2f' %area)
```

可以看出，变量的数据值是由赋值语句给出的，格式：

```
Variable=expression
```

其中 Variable 表示变量名，expression 表示表达式，一个表达式可以由数据、变量和运算符等组成，再比如说：

```
r=1
radius=3
```

```
x=(5+3)/4
x=x+1     #变量 x 的值加一后赋值给 x 变量
```

注意：Python 中变量不需要定义，赋值使用的时候同时表明数据类型，变量的使用有其范围，使用的时候必须有值。

代码举例：

```
count=count+1
```

运行结果报错：

```
    count=count+1
NameError: name 'count' is not defined
```

原因在于该变量没有给初始值，直接进行了计算。因此，在变量使用之前必须有初值，又把这个称为先定义后使用。在上述代码前面增加语句：

```
count=1
count=count+1
```

输出结果就正确。

在 Python 中允许对多个变量同时赋初值，举例：

var1,var2,var3…,varn=exp1,exp2,exp3…,expn

具体含义是计算右边表达式的值同时依次赋给左边变量，例如，原本两数据 x、y 完成交换的语句，采取的是引入一个中间变量 t，暂时存放数据，如下所示：

```
x=3
y=4
t=x
x=y
y=t
```

现在可以通过一条语句解决问题，无需引入中间变量，如下所示。

```
a,b=b,a
```

(提示 4)：数据类型

数据是指存储在计算机中的数值类信息；数据类型是指数据在内存中所具有的对象的类型。不同的数据定义不同的数据类型。在 Python 中不需要先定义变量的数据类型，可以根据所赋给变量的值决定变量的数据类型。Python 3 包含六个标准的数据类型：Number（数字）、String（字符串）、List（列表）、Tuple（元组）、Set（集合）、Dictionary（字典）。其中数字、字符串、元组为不可变数据，列表、字典和集合为可变数据。所谓可变和不可变数据的概念是，当该数据类型对应变量的值发生了改变，那么它对应的内存地址也会发生改变，对于这种数据类型，就称不可变数据类型。反之，当该数据类型对应变量的值发生了改变，但是它对应的内存地址不发生改变，对于这种数据类型，就称可变数据类型。

以整型数据变量 a 为例说明不可变数据类型，a 初始赋值为数字 1，修改值变为2 的时候，从运行结果发现，数据值的变化引起了存储数据 a 变量的地址改变，而数据类型不变，见图 2-1 显示的输出结果。

```
a = 1
print(id(a),type(a))
a = 2
print(id(a),type(a))
```

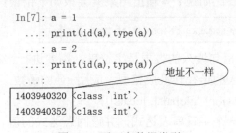

图 2-1　不可变数据类型

以列表 list 为例说明可变数据类型，当向已存在的列表 list 里面追加一个数据内容 3 时，输出结果后发现数据值变化不影响存储列表 list 的地址改变，地址没有任何变化，见图 2-2 显示的输出结果。

```
list = [1,2]
print(list,type(list),id(list))
list.append(3)
print(list,type(list),id(list))
```

```
In[9]: list = [1,2]
  ...: print(list,type(list),id(list))
  ...: list.append(3)
  ...: print(list,type(list),id(list))
  ...:
[1, 2] <class 'list'>  2614459992328
[1, 2, 3] <class 'list'>  2614459992328
```
地址一样

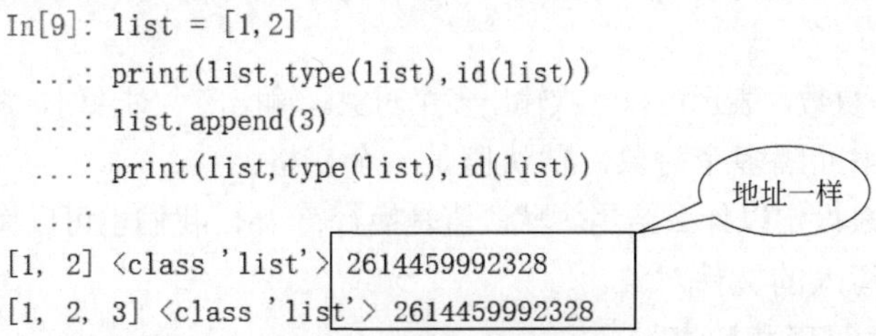

图 2-2　可变数据类型

提示 5：控制台输入

计算机的标准输入设备包含键盘、鼠标、扫描仪、数字相机、手柄等，本书默认的输入设备是键盘。input 函数完成从控制台读取输入，让程序从用户处接收输入，具体输入语句语法格式如下。

格式：input([prompt])

参数：prompt 表示提示信息。

功能：接收一个标准输入数据，返回为 string 类型。

举例：r=input("请输入姓名：")

       print(type(r))

输出结果是：<class 'str'>，注意通过 input 输入的数据类型是 string 类型，意味着不能直接参加运算，比如说 r*4 输出结果就会报如下错误：

```
TypeError: can't multiply sequence by non-int of type 'str'
```

分析原因：input 语句读入的数据是字符串，需要进行字符串转换。

解决方法：将读入的半径转换成整型，应用 eval()函数。

格式：eval(expression[, globals[, locals]])

功能：用来执行一个字符串表达式，并返回表达式的值。

修改上述代码：

```
r=eval(input("请输入数字："))
print(type(r))
```

输出结果是：<class 'int'>，此时 r 的数据类型变成整数，可以参加运算。

提示 6：屏幕输出

计算机的标准输出设备包含打印机、投影机、显示屏、扬声器，本书默认的输出设备是显示屏。完成屏幕显示输出的格式化语句如下：

格式：print(*objects, sep=' ', end='\n', file=sys.stdout)

参数：

objects——复数，表示可以一次输出多个对象。输出多个对象时，需要用"，"分隔。

sep——用来间隔多个对象，默认值是一个空格。

end——用来设定以什么结尾。默认值是换行符 \n，我们也可以换成其他字符串。

file——要写入的文件对象。

（1）输出字符串和数字

格式：print("字符串")　print("数字")

功能：将字符串或数字内容显示在屏幕上。

例：print("hello world")

结果显示：hello world

（2）格式化输出函数

格式：print（格式控制字符串%(输出表列)）

格式控制字符串用于指定输出格式。格式控制字符串可由格式字符串和非格式字符串两种组成。格式字符串是以%开头的字符串，在%后面跟有各种格式字符，以说明输出数据的类型、形式、长度、小数位数等。如"%d"表示按十进制整型输出，"%c"表示按字符型输出等，具体符号描述如表 2-2 所示。格式化操作辅助指令如表 2-3 所示。非格式字符串在输出时原样输出，在显示中起提示作用。输出表列中给出了各个输出项，要求格式字符串和各输出项在数量和类型上应该一一对应。

表 2-2　格式化字符的含义

符号	描述
%c	格式化字符及其 ASCII 码
%s	格式化字符串
%d	格式化整数
%u	格式化无符号整型
%o	格式化无符号八进制数
%x	格式化无符号十六进制数
%X	格式化无符号十六进制数（大写）
%f	格式化浮点数字，可指定小数点后的精度
%e	用科学计数法格式化浮点数
%E	作用同%e，用科学计数法格式化浮点数
%g	%f 和%e 的简写
%G	%F 和%E 的简写
%p	用十六进制数格式化变量的地址

表 2-3　格式化操作辅助指令

符号	功能
*	定义宽度或者小数点精度
-	用作左对齐
+	在正数前面显示加号(+)
<sp>	在正数前面显示空格
#	在八进制数前面显示零('0')，在十六进制前面显示'0x'或者'0X'(取决于用的是'x'还是'X')
0	显示的数字前面填充'0'而不是默认的空格

符号	功能
%	'%%'输出一个单一的'%'
(var)	映射变量（字典参数）
m.n	m 是显示的最小总宽度，n 是小数点后的位数（如果可用的话）
\	转义符，特殊字符（如"'"，或"\"）输出时可以采用"\\"或"\"

如何应用如上的格式字符串？来看几个简单应用。

1. 格式输出八进制、十进制和十六进制数据

```
hex = 0xFF        #0x 表示后面的数据是十六进制数据
print("hex = %x,dec = %d,oct = %o" %(hex,hex,hex))
```

输出结果：hex = ff,dec = 255,oct = 377

请读者自行补充八进制、十六进制和十进制之间的换算。

2. 浮点数数据显示

```
pi=3.141592653
print('pi 的值是%10.3f' % pi)        #字段宽 10，精度 3
```

输出结果：pi 的值是   3.142

其中，数据占 10 列，小数点后保留 3 位，总共实际数据 5 列，前面空 5 列。

```
print(' pi 的值是%010.3f' % pi) #用 0 填充空白
```

输出结果：pi 的值是 000003.142

```
print(' pi 的值是%-10.3f' % pi) #左对齐
```

输出结果：pi 的值是 3.142

print 会自动在输出结束后加上回车，如果想采用其他字符分隔，可以如前文所说采用 end 属性完成设计。

3. 字符串输出

```
print("*")
print("**")
```

输出结果是：*
            **

工作实施

① 通过控制台输入半径。

② 计算面积和周长，采用公式 $A=\pi r^2$，$P=2\pi r$。

③ 显示输出。

参考代码：

```
#coding=utf-8    #python 采用 ASCII 编码，为了中文不出错，添加此语句
pi=3.1415        #设置 pi 变量值为 3.1415
r=eval(input("请输入半径："))    #读入半径
area=r*r*pi        #计算圆面
peri=2*pi*r        #计算圆的周长
print("面积是：%.2f,周长是%.2f"%(area,peri))    #显示输出
```

④ 输出结果如图 2-3 所示，当输入半径是 2，程序运行显示周长和面积都是 12.57。

```
请输入半径：>? 2
面积是：12.57,周长是12.57
```

图 2-3   输出结果

思考：如果采用 eval 方法转变字符串变成整型，输入数据能否输入字符串？请读者将输入案例中输入数据变成"sss"，将运行显示结果记录下来。_____。

任务 2
解决表达式求解

扫码看视频

 任务书

正确的 Python 语言表达式的概念是什么？计算机如何完成表达式计算？如何运用表达式写出符合标准和满足用户要求的程序？具体子任务包含：①求解算术表达式；②求解逻辑表达式；③求解赋值表达式。

 工作准备

🔗 **提示 1**：运算符

Python 中运算符包含：算术运算符（表 2-4）、比较（关系）运算符（表 2-5）、

赋值运算符（表 2-6）、逻辑运算符（表 2-7）、位运算符、成员运算符和身份运算符。其中位运算符、成员运算符和身份运算符使用较少，遇到时会单独给出阐述。

表 2-4　算术运算符（以 a=10，b=3 为例）

算术运算符	描述	示例
+	加——两个对象相加	>>>a+b 结果：13
-	减——得到负数或是一个数减去另一个数	>>>a-b 结果：7
*	乘——两个数相乘或是返回一个被重复若干次的字符串	>>>a*b 结果：30
/	除——a 除以 b	>>>a/b 结果：3.3333333333333335
%	取模——返回除法的余数	>>>a%b 结果：1
**	幂——返回 a 的 b 次幂	>>>a**b 结果：1000
//	取整除——返回商的整数部分（向下取整）	>>>a//b 结果：3

注："%"是取余符号，即求模运算，求出除法后的余数，左侧的是操作数是被除数，右侧是除数，两个数是整型，比如说 7%3=1，3%8=8，21&7=0，但如果写入了小数比如说 5%3.2，计算结果就是 1.7999999999999998。因此，在使用取余运算符完成计算时，一定要注意两边都是整数。

举例：算术表达式

```
>>> 45+4*4-2
```

输出结果：49

```
>>> 45+43%5*(23*3%2)
```

输出结果：48

表 2-5　比较运算符（以 a=1,b=0 为例）

比较运算符	描述	示例
==	等于——比较对象是否相等	>>>a==b 结果：False
!=	不等于——比较两个对象是否不相等	>>>a!=b 结果：True
>	大于——返回 a 是否大于 b	>>>a>b 结果：True
<	小于——返回 a 是否小于 b。所有比较运算符返回 1 表示真，返回 0 表示假。这分别与特殊的变量 True 和 False 等价	>>>a<b 结果：False >>> 3<4<5 结果：True

比较运算符	描述	示例
>=	大于等于——返回 a 是否大于等于 b	>>> a>=b 结果：True
<=	小于等于——返回 a 是否小于等于 b	>>> a<=b 结果：False

表 2-6　赋值运算符

运算符	描述	示例

=	简单的赋值运算符	>>> a=10
		>>> a
		结果：10
		>>> b=3
		>>> a, b=b, a #完成数据交换
		结果：a 是 3，b 是 10

+=	加法赋值运算符	>>> a=10
		>>> a+=10
		>>> a
		结果：20

-=	减法赋值运算符	>>> a=20
		>>> a-=10
		>>> a
		结果：10

*=	乘法赋值运算符	>>> a=10
		>>> a*=2.3
		>>> a
		结果：23.0

/=	除法赋值运算符	>>> a=23.0
		>>> a/=2
		>>> a
		结果：11.5

%=	取模赋值运算符	>>> a=11.5
		>>> a%=5
		>>> a
		结果：1.5

**=	幂赋值运算符	>>> a=1.5
		>>> a**=2
		>>> a
		结果：2.25

//=	取整除赋值运算符	>>> a=2.25
		>>> a//=2
		>>> a
		结果：1.0

表 2-7　逻辑运算符（以 a=10,b=0 为例）

逻辑运算符	描述	示例
and	布尔"与"——如果 a 为 False，a and b 返回 False，否则它返回 b 的计算值	>>> a and b 结果：0
or	布尔"或"——如果 a 是非 0，它返回 a 的值，否则它返回 b 的计算值	>>> a or b 结果：1
not	布尔"非"——如果 a 为 True，返回 False。如果 a 为 False，它返回 True	>>> not b 结果：True

提示 2：表达式

表达式为程序的一部分，结果为一个值。例如，2 + 2 就是一个表达式，结果为 4。简单表达式是使用运算符（如+或%）和函数（如 pow）将字面值（如 2 或"Hello"）组合起来得到的。通过组合简单的表达式，可创建复杂的表达式，如(2 + 2)*(3 − 1)。此外，表达式还可能包含变量。比如说 a 的初始值是 3，a+3 的结果就是 6。

提示 3：内置函数

内置函数就是 Python 编程语言已经提前写好的函数，可以直接使用就能够得到计算结果，比如说前面用过的 print()、input()函数都属于内置函数，想完成输入输出操作的时候直接调用该函数即可。在表达式编写中不仅仅可以放入运算符，也可以直接引用内置函数，达到用户定义的计算结果。Python 自带的部分内置函数如表 2-8 所示。

表 2-8　部分内置函数

函数名	功能
abs(number)	返回指定数的绝对值
bytes(string, encoding[, errors])	对指定的字符串进行编码，并以指定的方式处理错误
cmath.sqrt(number)	返回平方根；可用于负数
float(object)	将字符串或数字转换为浮点数
help([object])	提供交互式帮助
input(prompt)	以字符串的方式获取用户输入
int(object)	将字符串或数转换为整数
math.ceil(number)	以浮点数的方式返回向上圆整的结果
math.floor(number)	以浮点数的方式返回向下圆整的结果
math.sqrt(number)	返回平方根；不能用于负数
mapcfunction, iterab(e)	将 iterable 序列中的每一个元素调用 function 函数，返回包含每次 function 函数返回值的新列表
pow(x, y[, z])	返回 x 的 y 次方对 z 求模的结果

函数名	功能
print(object,…)	将提供的实参打印出来，并用空格分隔
repr(object)	返回指定值的字符串表示
round(number[, ndigits])	四舍五入为指定的精度，正好为5时舍入到偶数
str(object)	将指定的值转换为字符串。用于转换 bytes 时，可指定编码和错误处理方式

提示 4：运算符的优先级

所谓运算符的优先级，指的是在含有多个逻辑运算符的式子中，解决先计算哪一个运算符，后计算哪一个运算符的问题。Python 中运算符的运算规则是，优先级高的运算符先执行，优先级低的运算符后执行，同一优先级的运算符按照从左到右的顺序进行。需要注意的是，Python 语言中大部分运算符都是从左向右执行的，只有单目运算符（例如 not 逻辑非运算符）、赋值运算符和三目运算符例外，它们是从右向左执行的。Python 优先级从高到低顺序如表 2-9 所示。

表 2-9　Python 运算符优先级

运算符	描述
( )	小括号
**	指数（最高优先级）
~、+、-	按位翻转，一元加号和减号（最后两个的方法名为 +@ 和 -@）
*、/、%、//	乘、除、取模和取整除
+、-	加法，减法
>>、<<	右移、左移运算符
&	按位与运算
^、|	按位异或、或运算符
<=、<、>、>=	比较运算符
<>、==、!=	等于运算符
=、%=、/=、//=、-=、+=、*=、**=	赋值运算符
is、is not	身份运算符
in、not in	成员运算符
not、and、or	逻辑运算符，其中 not 最高，or 最低

为了程序的可读性好，读者在编写表达式的时候需要注意两个问题。

① 不要把一个表达式写得过于复杂，如果一个表达式过于复杂，则把它分成几步来完成。

② 不要过多地依赖运算符的优先级来控制表达式的执行顺序，这样可读性太

差，应尽量使用"()"来控制表达式的执行顺序。

对照上述语言运算符优先级与结合顺序，举例计算表达式的值。

x=5>1+2 and 2 or 2*4<4-(not 0)

① 计算括号，得到 x=5>1+2 and 2 or 2*4<4-1；

② 计算算术运算符，过程按照先乘除后加减，结果 x=5>3 and 2 or 8<3；

③ 完成关系运算符，x=true and 2 or false；

④ 最后完成逻辑运算，得到最终结果是 x=2。

🖳 工作实施

① 求解算术表达式：今天是星期三，输出 100 天后是星期几？

每周有 7 天，如果今天是周三，那么 7 天后又到了周三，所以可以考虑过了多少天和现有的周三的三天求和之后与 7 求取余数，即可得到过了 100 天后是周几？编码：

```
print("今天周三，100 天以后是星期%d" % ((100+3) % 7 ))
```

输出结果：

```
In[23]: print("今天周三，100天以后是星期%d" % ((100+3) % 7 ))
今天周三，100天以后是星期1
```

② 求解逻辑关系表达式：判断某一年是否闰年？给出表达式计算过程。

闰年的条件是符合下面两个条件之一：

能被 4 整除，但不能被 100 整除；

能被 4 整除，又能被 400 整除。

判断闰年的条件可以用一个逻辑表达式表示：(year%4==0 and year%100!=0) or year%400==0。

表达式为"真"，闰年条件成立，是闰年，否则非闰年。

编码：

```
year=int(input("请输入年份"))
(year%4==0 and year%100!=0) or year%400==0
```

```
请输入年份>? 2014          请输入年份>? 2016
Out[25]: False            Out[26]: True
```

③ 求解算术表达式：根据用户输入的三个数据，求取平均值。

编码：

```
a,b,c=map(int, input("输入三个数据").split(''))
```

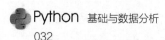

```
aver=(a+b+c)/3.0
print("平均值是:%f"%aver)
```

输出结果：

输入三个数据 3,4,5

平均值是：4.000000

思考：Python 的安装步骤分哪几步？

任务 3
计算两点间距离

扫码看视频

🛠️ 任务书

根据用户输入的平面直角坐标系中两个点的坐标值，如 (x_1,y_1) 和 (x_2,y_2)，计算两点间的距离并绘制图形显示该距离值，如图 2-4 所示。

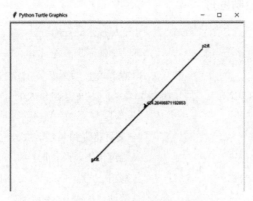

图 2-4　计算两点间距离

🖥️ 工作准备

🐍 提示 1：

平面上任意两点计算距离的公式是 $\sqrt{(x_1 - x_2)^2 + (y_1 - y_2)^2}$，对于 Python 语言的

算术表达式，没有根式，但可以采用"**0.5"，也可以采用 math.sqrt 函数解决该问题。

提示 2：

turtle 库是 Python 语言中一个很流行的绘制图像的函数库。想象一个小乌龟，从一个横轴为 x、纵轴为 y 的坐标系原点，(0,0)位置开始，根据一组函数指令的控制，在这个平面坐标系中移动，从而在它爬行的路径上绘制了图形。

工作实施

1. 提示用户输入两个点数据

```
x1,y1=eval(input("请输入 P1 点坐标（x1,y1)"))
x2,y2=eval(input("请输入 P2 点坐标（x2,y2)"))
```

2. 计算两点间距离

```
dis=((x1-x2)**2+(y1-y2)**2)**0.5
```

3. 利用 turtle 绘制图形

```
import turtle as t            #导入 turtle 库
t.pencolor('black')          #设置画笔是黑色
t.pensize(2)                 #设置画笔的宽度 2 个像素
t.screensize(500, 500, bg='white')  #定义画布大小
t.penup()                    #拿起画笔，绘笔移动时不绘制
t.goto(x1,y1)                #画笔定位到（x1,y1)位置
t.pendown()                  #画笔落下，移动时绘制图形
t.write("p1 点")             #写出 p1 点
t.goto(x2,y2)                #移动到（x2,y2)点，从 p1 点开始到 p2 点绘制线
t.write("p2 点")             #写出 p2 点
t.penup()                    #拿起画笔
t.goto((x1+x2)/2,(y1+y2)/2)  #移动到两点中间
t.write(dis)                 #写下两点间距离
t.done()                     #绘制完成
```

备注：

① 导入语句，只要用到 turtle 绘制图形库就需要使用 import 语句将其导入，位

置写在所有编码的最前面；

② 顺序结构程序设计思路是按照一步一步顺序执行。

任务 4
绘制献给祖国的玫瑰花

扫码看视频

📠 任务书

采用顺序结构完成编码操作显示如图 2-5 所示图形。

我爱你 中国

图 2-5　玫瑰花

🖳 工作准备

🐍 （提示）：多 turtle 库的详细使用

turtle 即海龟的英文，海龟绘图来自于 Wally Feurzeig、Seymour Papert 和 Cynthia Solomon 于 1967 年所创造的 Logo 编程语言。通过组合使用绘图命令，可以轻松地绘制出精美的形状和图案。常见命令操作如表 2-10 所示，详细的表格参照可以见附录 1。

表 2-10 turtle 常用命令

操作分类	操作	函数名	作用
海龟动作	移动和绘制	forward() | fd()	沿 x 轴正方向前进
		backward()	沿 x 轴后退
		left()	原地左转
		right()	原地右转
		goto()	定位
		speed()	速度
		circle()	画圆
画笔控制	绘图状态	pendown() | pd() | down()	画笔落下
		penup() | pu() | up()	画笔抬起
		pensize() | width()	画笔粗细
	颜色控制	pencolor()	画笔颜色
		fillcolor()	填充颜色
	填充	filling()	是否填充

  工作实施

1. 导入库包

```python
import turtle
import time
```

2. 设置初始位置

```python
turtle.penup()
turtle.left(90)
turtle.fd(200)
turtle.pendown()
turtle.right(90)
```

3. 绘制花蕊

```python
turtle.fillcolor("red")
turtle.begin_fill()
turtle.circle(10, 180)
turtle.circle(25, 110)
turtle.left(50)
```

```
turtle.circle(60, 45)
turtle.circle(20, 170)
turtle.right(24)
turtle.fd(30)
turtle.left(10)
turtle.circle(30, 110)
turtle.fd(20)
turtle.left(40)
turtle.circle(90, 70)
turtle.circle(30, 150)
turtle.right(30)
turtle.fd(15)
turtle.circle(80, 90)
turtle.left(15)
turtle.fd(45)
turtle.right(165)
turtle.fd(20)
turtle.left(155)
turtle.circle(150, 80)
turtle.left(50)
turtle.circle(150, 90)
turtle.end_fill()
```

4. 绘制花瓣

```
turtle.left(150)
turtle.circle(-90, 70)
turtle.left(20)
turtle.circle(75, 105)
turtle.setheading(60)
turtle.circle(80, 98)
turtle.circle(-90, 40)
turtle.left(180)
turtle.circle(90, 40)
turtle.circle(-80, 98)
turtle.setheading(-83)
```

5. 绘制叶子

```
turtle.fd(30)
turtle.left(90)
turtle.fd(25)
turtle.left(45)
turtle.fillcolor("green")
turtle.begin_fill()
turtle.circle(-80, 90)
turtle.right(90)
turtle.circle(-80, 90)
turtle.end_fill()
turtle.right(135)
turtle.fd(60)
turtle.left(180)
turtle.fd(85)
turtle.left(90)
turtle.fd(80)
turtle.right(90)
turtle.right(45)
turtle.fillcolor("green")
turtle.begin_fill()
turtle.circle(80, 90)
turtle.left(90)
turtle.circle(80, 90)
turtle.end_fill()
turtle.left(135)
turtle.fd(60)
turtle.left(180)
turtle.fd(60)
turtle.right(90)
turtle.circle(200, 60)
turtle.goto(180,-180)
```

6. 写上文字

```
turtle.write("我爱你，中国", font=(20,), align="center", move=True)
```

```
turtle.pendown()
turtle.done()
```

任务 5
猜猜"我的生日"

任务书

编码实现猜生日,游戏规则是通过询问用户 5 个只需要回答 yes 或者 no 的问题,编码猜出用户的生日在一个月中的哪一天?

```
C:\ProgramData\Anaconda3\python.exe D:/teaching/python/second/2-4猜猜我的生日.py
你的生日在这个集合里面吗? 输入y或者n
{1 3 5 7 9 11 13 15 17 19 21 23 25 27 29 31} y
你的生日在这个集合里面吗? 输入y或者n
{2 3 6 7 10 11 14 15 18 19 22 23 26 27 30 31} y
你的生日在这个集合里面吗? 输入y或者n
{4 5 6 7 12 13 14 15 20 21 22 23 28 29 30 31} y
你的生日在这个集合里面吗? 输入y或者n
{8 9 10 11 12 13 14 15 24 25 26 27 28 29 30 31} n
你的生日在这个集合里面吗? 输入y或者n
{16 17 18 19 20 21 22 23 24 25 26 27 28 29 30 31} n
你的生日是7, 我很聪明吧^^^
```

工作准备

 提示 1：if else 语句

目前为止，在你编写的程序中，语句都是逐条执行的，也就是顺序执行的。现在更进一步，我们想让程序按照我们认可的条件来执行，这就是条件分支语句。

条件语句的语法格式：

```
if  条件表达式1:
    语句块1
```

示例：判断输入的数字

```
num = float(input("请输入一个数字: "))
result = ""
if num > 0:
    result = "正数"
elif num == 0:
    result = "零"
else:
    result = "负数"
    print(result)
```

输入内容：-1.1（回车）

输出结果：负数

备注：这里我们使用了一个 float 方法，这个方法的作用是将输入的内容转换成浮点类型。if 语句里判断了输入的内容 num 是否大于 0，如果为真也就是 True，那么就执行冒号后面的代码语句（赋值 result 为"正数"），否则（elif）就继续去判断是否等于 0，如果为真，就执行第六行的代码（赋值 result 变量为"零"），最后以上都为假也就是 False 的情况下（else），就执行赋值 result 变量为"负数"的过程，至此我们完成了判断输入的数字的功能。

提示 2：确定五个数字集

如果想猜出用户的生日是哪一天，需要设计五个数据集，分析原因：一个月是 31 天，要用二进制数据表示 31 天则需要使用 5 位数，从 00001～11111，分别设定每一位是 $b_4b_3b_2b_1b_0$，建立五个数据集，每一个数据集存放的是某一位为"1"的所有数字，比如说：

b_0 位数为"1"的所有数据是：1，3，5，7，9，11，13，15，17，19，21，23，25，27，29，31；

b_1 位数为"1"的所有数据是：2，3，6，7，10，11，14，15，18，19，22，23，26，27，30，31；

b_2 位数为"1"的所有数据是：4，5，6，7，12，13，14，15，20，21，22，23，28，29，30，31；

b_3 位数为"1"的所有数据是：8，9，10，11，12，13，14，15，24，25，26，27，28，29，30，31；

b_4 位数为"1"的所有数据是：16，17，18，19，20，21，22，23，24，25，26，27，28，29，30，31。

通过集合可以发现，如果生日是 14 号，则出现在 $b_3b_2b_1$ 集合中，正好等于集合

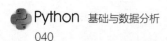

第一个数字之和 2+4+8=14，如果生日是 25 号，则出现在 $b_4b_3b_0$ 集合中，则 1+8+16=25，所以只要让用户选择集合，再根据用户所选择内容将第一项数据计算求和就会得到用户的实际生日。

🖳 工作实施

```python
birth=0
answer=input("你的生日在这个集合里面吗？输入 y 或者 n\n"+\
             "{1  3  5  7  9  11  13  15  17  19  21  23  25  27  29  31}")
if answer=="y":
    birth+=1
answer=input("你的生日在这个集合里面吗？输入 y 或者 n\n"+\
             "{2  3  6  7  10  11  14  15  18  19  22  23  26  27  30  31}")
if answer=="y":
    birth+=2
answer=input("你的生日在这个集合里面吗？输入 y 或者 n\n"+\
             "{4  5  6  7  12  13  14  15  20  21  22  23  28  29  30  31}" )
if answer=="y":
    birth+=4
answer=input("你的生日在这个集合里面吗？输入 y 或者 n\n"+\
             "{8  9  10  11  12  13  14  15  24  25  26  27  28  29  30  31}")
if answer=="y":            不能省略
    birth+=8
answer=input("你的生日在这个集合里面吗？输入 y 或者 n\n"+\
             "{16  17  18  19  20  21  22  23  24  25  26  27  28  29  30  31}")
if answer=="y":
    birth+=16
print("你的生日是"+str(birth)+",我很聪明吧~~~")
```

备注：

① If 语句条件表达式后的 "：" 不能省略。

② 条件判断后的执行语句块前空格不能省略。

③ Python 通常是一行写完一条语句，但如果语句很长，我们可以使用反斜杠 (\)来实现多行语句，比如在 answer 变量获取输入数据时，该行代码过长，需要转到下一行，此时可以通过 "\" 符号完成换行，代码即便写到下一行也能解释执行到当

前行完成。

④ birth 通过计算得到的是整型数据，输出需要转换成字符串，否则会报错，报错信息是："must be str, not int"，而 str 函数可以将整型数据转换成字符串。

任务6
计算税率

 任务书

个人所得税是由国家相应的法律法规规定的，个人在获得收入所得后缴纳的一种税，根据个人的收入计算。2018 年 8 月 31 日，《中华人民共和国个人所得税法》重新修订，个人所得税将免征税额由 3500 元提升到 5000 元。个人所得税具体计算办法如表 2-11 所示。

表 2-11　个人所得税计算方法

级数	全年应纳税所得额	税率	速算扣除数
1	不超过 36000 元的	3	0
2	超过 36000 元至 144000 元的部分	10	2520
3	超过 144000 元至 300000 元的部分	20	16920
4	超过 300000 元至 420000 元的部分	25	31920
5	超过 420000 元至 660000 元的部分	30	52920
6	超过 660000 元至 960000 元的部分	35	85920
7	超过 960000 元的部分	45	181920

假定居民李某 2019 年每月取得工资收入为 25000 元，每月减除费用 5000 元，每月"三险一金"等专项扣除为 2500 元，每月享受专项附加扣除共计 2000 元。2019 年度李某只在本单位一处拿工资，没有其他收入，没有大病医疗和减免收入及减免税额等情况。请依照现行税法规定计算前 3 个月各月应预扣预缴税额和全年预扣预缴税额。计算个人所得税纳税额：全年累计预扣预缴税额=(25000×12−5000×12−2500×12−2000×12)×20%−16920=20280（元）。

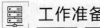

工作准备

提示：多分支条件语句

在实际的编码过程中，我们经常会遇到比较复杂的逻辑，从而需要编写比较复杂的条件分支语句，这样的话就需要使用条件分支语句的多重嵌套结构了。需要注意的是，在程序中，同等缩进为同一条件结构，语法格式：

```
if  条件表达式 1:
    语句块 1
elif  条件表达式 2:
    语句块 2
else:
    语句块 3
```

示例 1：判断数值的范围。

```
num = float(input("请输入一个数字："))
result = ""
if num > 0:
    if num >= 0 and num <= 10:
        result = "在 0~10 之间"
    elif (num >= 10 and num <= 15) or (num >= 20 and num <= 25):
        result = "在 10~15 或者 20~25 之间"
    else:
        result = "在 16~19 之间或者大于 25"
elif num == 0:
    result = "零"
else:
    result = "负数"
    print(result)
```

输入内容：17（enter）

输出结果：16~19 或者大于 25

备注：注意这里的缩进，缩进在同一垂直线上的代表同一条件结构，如这里判断大于 0、等于 0、小于 0 是同一类条件结构，而判断数值区间范围的是另一类条件结构。

示例 2： 根据用户输入的 a、b、c 的值，求解一元二次方程式 ax^2+bx+c 的解。

思路：根据一元二次方程式的求根思路，首先计算 $\Delta=b^2-4ac$ 的值，判断如果 $\Delta>0$，则有两实根，如果是 $\Delta=0$，则有相同的实根，如果 $\Delta<0$，则无根。

代码参考：

```
#coding=utf-8
from math import *
print("本程序求 ax^2+bx+c=0 的根")
a,b,c=eval(input("请输入 a,b,c:"))
delta=b*b-4*a*c
if(delta>0):
    delta=sqrt(delta)
    x1=(-b+delta)/(2*a)
    x2=(-b-delta)/(2*a)
    print("两个实根分别为:",x1,x2)
elif(delta==0):
    print("一个实根:",-b/(2*a))
else:
    print("没有实根")
```

运行情况

（1）输入：1,2,1（enter）

输出：一个实根：−1,0

（2）输入：2,3,1（enter）

输出：两个实根分别为：−0.5，−1.0

（3）输入：2,1,1（enter）

输出：没有实根

🖳 工作实施

```
a = eval(input("请输入年收入:"))
salary = a - 60000
if salary > 960000:
    cal_salary = salary * 0.45 - 181920
elif salary > 660000:
    cal_salary = salary * 0.35 - 85920
```

```
elif salary > 420000:
    cal_salary = salary * 0.3 - 52920
elif salary > 300000:
    cal_salary = salary * 0.25 - 31920
elif salary > 144000:
    cal_salary = salary * 0.2 - 16920
elif salary > 36000:
    cal_salary = salary * 0.1 - 2520
else:
    cal_salary = salary * 0.03
print("{:.2f}".format(cal_salary))
```

备注：Python 从 2.6 版本之后新增了一种格式化字符串的函数 str.format()，它增强了字符串格式化的功能。小数点后保留的小数位数由{:.2f}中的 "2" 决定保留 2 位。

输入数据：请输入年收入:200000

输出：11480.00

输入数据：请输入年收入:360000

输出：43080.00

任务 7
绘制五角星

扫码看视频

 任务书

采用单重循环控制完成五角星的绘制，如图 2-6 所示。

图 2-6　五角星

工作准备

（提示 1）：for 循环

　　循环语句就是在某种条件下，循环地执行某段代码块，并在符合条件的情况下跳出该段循环，其目的是想要处理相同的任务，本节主要讲解 for 循环的使用，执行的流程用图 2-7 来说明。

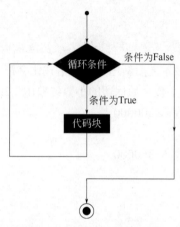

图 2-7　循环程序的流程图

　　单重循环语句的语法格式：

```
for i in range(初始值，终止值)：
    循环体
```

或者

```
for 变量 in 序列：
    循环体
```

　　注意：range 的使用。①它表示的是左闭右开区间，即从左边值开始，小于但不等于右边终止值结束；②它接收的参数必须是整数，可以是负数，但不能是浮点数等其他类型；③它是不可变的序列类型，可以进行判断元素、查找元素、切片等操作，但不能修改元素；④它是可迭代对象，却不是迭代器。

　　示例 1：采用 for 实现 1 到 100 的累加计算。

```
sum = 0
for x in range(1, 101):
```

```
    sum = sum + x
    print("result:", sum)
```

输出结果：result: 5050

这里我们使用了一个内置 range() 函数，该函数有两种用法，第一种 range(endValue)，即从 0 开始到 endValue 的值结束，但要注意是小于 endValue 开区间；第二种 range(startValue,endValue)，即从 startValue 开始的闭区间到 endValue 开区间，是大于等于 startValue 但小于 endValue 之间的值。

示例 2：循环的跳出。

```
sum = 0
for x in range(5):    #0…4
    sum = sum + x
    if x == 3:        #如果 x 等于 3 跳出循环
        break         #跳出
print("result:", sum)    #1+2+3
```

输出结果：result: 6

这里我们使用了 break 关键字跳出循环体，你可以看到运行的结果为 6，说明当 x 等于 3 的时候跳出了循环。

示例 3：循环的跳过。

```
sum = 0         #初值
for x in range(5):    #x=0…4
    if x == 3:
    continue #跳出当前循环，进行下一次，意味着下面的语句短路，不执行
    sum+=x;
    print("result:", sum)
```

输出结果：result: 7

这里我们使用了 continue 关键字跳过循环体语句，注意它跟 break 的区别在于，break 是直接结束整个循环过程，而 continue 只是当条件满足时，跳过本次循环过程继续执行。

提示 2：while 循环

while 循环也是循环的一种方式，其语法格式是：

```
while   循环条件表达式:
    循环体
```

示例 4： while 实现 1 到 100 的累加计算。

```
sum = 0
number = 1
while number <= 100:
    sum = sum + number
    number += 1
    print("result:", sum)
```

输出结果：result: 5050

这里我们用 while 循环实现该功能，你可以发现循环写法上的变化。

示例 5： while-else 的使用

```
count = 0
while count < 5:
    count = count + 1
else:
    print(count, " 大于或等于 5")
```

输出结果：result 5　大于或等于 5。

这里我们用 while-else 语句来进行输出，当循环执行完成之后，会调用 else 内的语句块，从而输出 5 大于或等于 5，第一个 5 是 count 的值，此时 count 为 5 已经不满足 count < 5 的表达式了。

 工作实施

```
import turtle as t # 导入 turtle
t.pensize(5)   # 画笔大小
t.pencolor("red")  # 画笔颜色
t.fillcolor("red")  # 填充颜色
t.begin_fill()  # 开始
for i in range(5):  # 5 次循环
    t.forward(200)   #沿 x 轴正方向前进 200 像素
    t.right(144)     #原地右转 144 度
t.end_fill()  # 结束填充
t.done()
```

思考：尝试采用 backward 完成不同的五角星绘制。

Python 基础与数据分析

任务 8
猜数游戏

 任务书

编写一个猜数游戏，该游戏会随机产生一个数字，用户可以随意输入一个数进行比较，在比较过程中，会不断提示用户输入的数是大了还是小了，直到用户输入的数等于随机数，程序终止。

 工作准备

提示 1：多重循环

一个循环里面嵌套另一个循环，我们称为双重循环，当嵌套多个循环时，称之为多重循环。循环的嵌套是一个外层循环和一个或多个内层循环共同构成的。每次重复外层循环时，内层循环被重新进入。以双重 for 循环为例阐述语法格式：

```
for i in range(初始值，终止值)：
    for j in range(初始值，终止值)：
        循环体
```

示例：一个数如果恰好等于它的因子之和，这个数就称作"完数"。例如 6=1+2+3。编程找出 1000 以内的所有完数。

提示：借助 math 模块的 sqrt 函数（求平方根）。

```
from math import sqrt
for n in range(1,1000):
    sum = n * -1
    k = int(sqrt(n))
    for i in range(1, k + 1):
        if n % i == 0:
            sum += n / i
```

```
            sum += i
     if sum == n:
         print(n)
```

输出：1 6 28 496

（提示 2）：randint()函数

生成一个随机整数，语法格式：

```
random.randint(a,b)
```

函数返回一个整数数字 N，其中 N 为 a 到 b 之间的数字（a≤N≤b），包含 a 和 b。

（提示 3）：clock 函数

clock() 函数以浮点数计算的秒值返回当前的 CPU 时间，返回值是浮点数，用于计算程序执行时间。

工作实施

1. 确定解决思路

提示用户是否愿意继续猜数游戏？如果愿意，则生成随机数，并计时开始，根据用户所猜的数提示"大了"还是"小了"，让用户继续猜，直到猜对为止，计算用户所耗时间。

2. 编码

```
import time
import random
play_it = input('你想继续猜数吗？(\'y\' or \'n\')')
while play_it == 'y':
    i = random.randint(0, 2 ** 32) % 100
    start = time.clock()
    guess = int(input('输入你猜的数:\n'))
    while guess != i:
        if guess > i:
            print('猜大了')
            guess = int(input('输入你猜的数:\n'))
        else:
```

```
        print('猜小了')
        guess = int(input('输入你猜的数:\n'))
end = time.clock()
var = end - start
print('祝贺你，猜对了！')
if var < 10:
    print('你好聪明啊~~~，耗时%d秒'%var)
elif var < 20:
    print('智商一般喽~~，耗时%d秒'%var)
else:
    print('今天智商不在线~~，耗时%d秒'%var)
print('随机数值是 %d' % i)
play_it = input('想继续挑战吗？')
```

输出结果呈现：

```
你想继续猜数吗？('y' or 'n')y
输入你猜的数：
50
猜大了
输入你猜的数：
25
猜小了
输入你猜的数：
46
猜大了
输入你猜的数：
35
猜大了
输入你猜的数：
30
猜小了
输入你猜的数：
32
祝贺你，猜对了！
智商一般喽~~，耗时13秒
随机数值是 32
```

任务 9
绘制"哆啦 A 梦"图形

扫码看视频

 任务书

绘制步骤如图 2-8 所示。

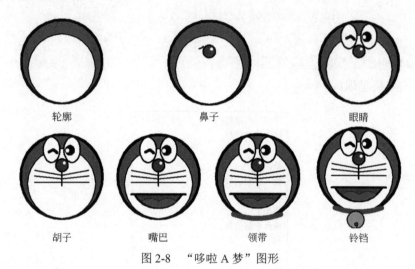

轮廓   鼻子   眼睛

胡子   嘴巴   领带   铃铛

图 2-8   "哆啦 A 梦"图形

工作实施

① 画猫脸蓝色外圈，是半径为 120mm 的圆，填充成蓝色。

```
import turtle as t
t.speed(10)            #速度设置为10
t.pensize(8)           #画笔设置为8个像素
t.hideturtle()         #隐藏海龟图像
t.screensize(500, 500, bg='white')#设置画布
t.fillcolor('#00A1E8')
t.begin_fill()
```

```
t.circle(120)
t.end_fill()
```

② 画猫脸的白色内圈，调整画笔粗细到 3 像素，画一个半径为 100mm 的圆，填充成白色。

```
t.pensize(3)
t.fillcolor('white')
t.begin_fill()
t.circle(100)
t.end_fill()
```

③ 画鼻子，移动到原点，移动到（0，134）点绘制半径为 18mm 的圆，填充成红色。

```
t.penup()
t.home()    #移动到原点
t.goto(0, 134)
t.pendown()
t.pensize(4)
t.fillcolor("#EA0014")
t.begin_fill()
t.circle(18)
t.end_fill()
```

④ 画鼻子里面的小白点，移动到（7,155）点，画笔修改为 2 像素白色，画一个 4 像素的圆，填充白色。

```
t.penup()
t.goto(7, 155)
t.pensize(2)
t.color('white', 'white')
t.pendown()
t.begin_fill()
t.circle(4)
t.end_fill()
```

⑤ 画左边眼睛。

```
#初始化，4 像素黑色画笔，填充白色
t.penup()
```

```python
t.goto(-30, 160)
t.pensize(4)
t.pendown()
t.color('black', 'white')
t.begin_fill()
```
#画左边的眼睛，定义绘制步长变量a，设置初始值为0.4
#循环控制总角度120度:
#当角度等于0~30度或角度等于60~90度时:
#每循环一次步长a增加0.08，每循环一次画笔左转3度，每循环一次向前绘制步长变量a
#否则:每循环一次步长a减少0.08，每循环一次画笔左转3度，每循环一次向前绘制步长变量a
```python
a = 0.4
for i in range(120):
    if 0 <= i < 30 or 60 <= i < 90:
        a = a + 0.08
        t.lt(3)   # 向左转3度
        t.fd(a)   # 向前走a的步长
    else:
        a = a - 0.08
        t.lt(3)
        t.fd(a)
t.end_fill()
```

⑥ 画右眼。

```python
t.penup()
t.goto(30, 160)
t.pensize(4)
t.pendown()
t.color('black', 'white')
t.begin_fill()
for i in range(120):
    if 0 <= i < 30 or 60 <= i < 90:
        a = a + 0.08
        t.lt(3)   # 向左转3度
        t.fd(a)   # 向前走a的步长
    else:
```

```
        a = a - 0.08
        t.lt(3)
        t.fd(a)
t.end_fill()
```

⑦ 画闭着的眼睛。

```
t.penup()
t.goto(-38, 190)
t.pensize(8)
t.pendown()
t.right(-30)
t.forward(15)
t.right(70)
t.forward(15)
```

⑧ 画睁开的眼睛，黑眼球白眼仁。

```
t.penup()
t.goto(15, 185)
t.pensize(4)
t.pendown()
t.color('black', 'black')
t.begin_fill()
t.circle(13)
t.end_fill()
t.penup()
t.goto(13, 190)
t.pensize(2)
t.pendown()
t.color('white', 'white')
t.begin_fill()
t.circle(5)
t.end_fill()
```

⑨ 画鼻子下面的竖线。

```
t.penup()
t.home()
```

```
t.goto(0, 134)
t.pensize(4)
t.pencolor('black')
t.pendown()
t.right(90)
t.forward(40)
```

⑩ 画右边的胡子。

```
t.penup()
t.home()
t.goto(0, 124)
t.pensize(3)
t.pencolor('black')
t.pendown()
t.left(10)
t.forward(80)
t.penup()
t.home()
t.goto(0, 114)
t.pensize(3)
t.pencolor('black')
t.pendown()
t.left(6)
t.forward(80)
t.penup()
t.home()
t.goto(0, 104)
t.pensize(3)
t.pencolor('black')
t.pendown()
t.left(0)
t.forward(80)
```

⑪ 画左边的胡子。

```
t.penup()
t.home()
```

```
t.goto(0, 124)
t.pensize(3)
t.pencolor('black')
t.pendown()
t.left(170)
t.forward(80)
t.penup()
t.home()
t.goto(0, 114)
t.pensize(3)
t.pencolor('black')
t.pendown()
t.left(174)
t.forward(80)
t.penup()
t.home()
t.goto(0, 104)
t.pensize(3)
t.pencolor('black')
t.pendown()
t.left(180)
t.forward(80)
```

⑫ 画嘴巴。

```
t.penup()
t.goto(-70, 70)
t.pendown()
t.color('black', 'red')
t.pensize(6)
t.setheading(-60)
t.begin_fill()
t.circle(80, 40)
t.circle(80, 80)
t.end_fill()
t.penup()
```

```
t.home()
t.goto(-80, 70)
t.pendown()
t.forward(160)
```

⑬ 画舌头。

```
t.penup()
t.home()
t.goto(-50, 50)
t.pendown()
t.pensize(1)
t.fillcolor("#eb6e1a")
t.setheading(40)
t.begin_fill()
t.circle(-40, 40)
t.circle(-40, 40)
t.setheading(40)
t.circle(-40, 40)
t.circle(-40, 40)
t.setheading(220)
t.circle(-80, 40)
t.circle(-80, 40)
t.end_fill()
```

⑭ 画领带。

```
t.penup()
t.goto(-70, 12)
t.pensize(14)
t.pencolor('red')
t.pendown()
t.seth(-20)
t.circle(200, 30)
t.circle(200, 10)
```

⑮ 画铃铛。

```
t.penup()
t.goto(0, -46)
```

```
t.pendown()
t.pensize(3)
t.color("black", '#f8d102')
t.begin_fill()
t.circle(25)
t.end_fill()
t.penup()
t.goto(-5, -40)
t.pendown()
t.pensize(2)
t.color("black", '#79675d')
t.begin_fill()
t.circle(5)
t.end_fill()
t.pensize(3)
t.right(115)
t.forward(7)
t.done()
```

拓展
思考

编写代码并运行

① 完成两个数的交换，不采用中间变量的方式。

② 编写一个简单程序，提示用户输入一个房间的长和宽，然后计算并输出房间面积，单位是平方米，精度为小数点后两位。

③ 编写一个程序，将两个数作为输入数据，分别计算这两个数的和、差、积、商及平方和的平方根并正确输出。

④ 编写一个程序，将输入的华氏温度转换成摄氏温度，要求有必要的输入提示与输出文字说明，精度为小数点后两位。

提示：公式为 $c = \dfrac{5}{9}(F - 32)$

项目三
Python 的序列操作

学习
目标

知识目标

- ◎ 掌握字符串的定义与使用方法。
- ◎ 掌握列表的定义与使用方法。
- ◎ 掌握元组的定义与使用方法。
- ◎ 掌握字典的定义与使用方法。

能力目标

- ◎ 能够灵活使用字符串、列表、元组、字典处理数据。
- ◎ 拥有处理复杂数据的能力。
- ◎ 理解 Python 序列的基本含义。

素质目标

- ◎ 培养读者细心耐心的做事态度。
- ◎ 培养读者精益求精的思想。

思维导图

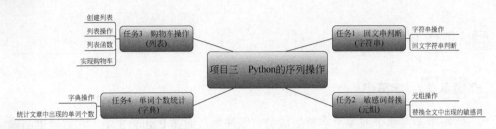

创建列表

列表操作 ── 任务3 购物车操作（列表）

列表函数

实现购物车

字符串操作 ── 任务1 回文串判断（字符串）

回文字符串判断

项目三 Python的序列操作

字典操作 ── 任务4 单词个数统计（字典）

统计文章中出现的单词个数

元组操作 ── 任务2 敏感词替换（元组）

替换全文中出现的敏感词

情景导入

　　本部分引入 Python 数据结构的概念。数据结构(data structure)是带有结构特性的数据元素的集合，它研究的是数据的逻辑结构和数据的物理结构以及它们之间的相互关系，并对这种结构定义相适应的运算，设计出相应的算法，并确保经过这些运算以后所得到的新结构仍保持原来的结构类型。简而言之，数据结构是相互之间存在一种或多种特定关系的数据元素的集合，即带"结构"的数据元素的集合。在 Python 中，最基本的数据结构为序列(sequence)。本项目首先阐述 Python 的"字符串"数据类型，在此基础上重点理解 Python 中的列表、元组和字典这三种序列的特点和使用方式。

任务 1
回文串判断

扫码看视频

 任务书

　　如何检验某个字符串是否是回文串？什么是回文串？对于一个字符串而言，如果从左到右读时和从右到左读时一样，那么就称这个字符串是回文串，比如说"mom""dad""noon"。设计提示用户输入一个字符串，根据用户输入数据判断其是否是回文串，解决思路：设计一个从左到右的下标索引 low 和一个从右到左的下标索引 high，判断两个索引所指向的字符是否相等，如果相等，low 索引加 1，high 索引减 1，继续判断第二个字符和倒数第二个字符是否相等，这个比较的过程持续进行，直到有字符匹配不成功，或者所有字符匹配完成后停止，如果字符是奇数个，中间字符不参与比较。

工作准备

提示 1：字符串

字符串是由零个或多个字符组成的有限序列，而在 Python 3 中，它有着更明确的意思：字符串是由 Unicode 码组成的不可变序列。字符串是 Python 中最常用的数据类型，我们可以使用引号（'或"）来创建字符串，Python 中字符串是不可变对象，所有修改和生成字符串的操作，其实现方法都是另一个内存片段中新生成一个字符串对象，下文中使用到的以单引号（' '）或者是双引号（" "）给出的数据都属于字符串。

提示 2：索引

序列中的每个元素都有编号，即其位置或索引，其中第一个元素的索引为 0，第二个元素的索引为 1，依此类推。在有些编程语言中，从 1 开始给序列中的元素编号，但从 0 开始可以指出相对于序列开头的偏移量，同时可回绕到序列末尾，用负索引表示序列末尾元素的位置。比如，可像下面这样使用编号来访问各个元素。

示例 1：索引的使用。

0	1	2	3	4	5	6	7	8	9	10
H	e	l	l	o		W	o	r	l	d

```
meeting = 'Hello World'
print(meeting[0] )
```

输出结果：H

注意：字符串就是由字符组成的序列或者是字符组成的一段文本。索引 0 指向第一个元素，这里为字母 H，这里对应的是代码片段 meeting[0]中的数字 0。不同于其他一些语言，Python 没有专门用于表示字符的类型，因此一个字符也是只包含一个元素的字符串。

当你使用负数索引时，Python 将从右（即从最后一个元素）开始往左数，因此 –1 是最后一个元素的位置。

示例 2：负值索引的使用。

```
meeting = 'Hello World'
print(meeting[-1] )
```

输出结果：d

对于字符串字面量（以及其他的序列字面量），可直接对其执行索引操作，无需先将其赋给变量。这与先赋给变量再对变量执行索引操作的效果是一样的。

如果函数调用返回一个序列，可直接对其执行索引操作。例如，如果你只想获取用户输入的年份的第 4 位，可像下面这样做：

示例 3：输入函数与索引的使用。

```
fourth = input('Year: ')[3]
print(fourth )
```

输入：Year: 2005
输出结果：5

这里的 input 是一个函数，这个函数的功能是接收用户的输入，关于 Python 的函数，我们后面会有所介绍。而其中 Year: 2005 是我们输入的内容，而'5' 则是程序返回的结果。

🖥 提示 3 ：切片

Python 中使用索引来访问序列中的某一个元素，如果要访问序列中某一定范围内的元素，可以使用切片来完成。

切片操作是通过由冒号相隔的两个索引号来实现的，它的语法规则是：

字符串名[开始索引:结束索引]

从开始索引的位置开始截取，到小于结束索引的位置结束。你可以像下面这样使用切片访问一定范围内的元素：

示例 4：切片的基本使用。

```
seq= 'Hello World'
print(seq[6:11] )
```

输出结果：World

这里我们定义了一个叫 seq 的字符串，与上面索引不同的是，我们此处使用了 seq[6:11] 的形式来读取"world"这 5 个字符。

注意：seq[6:11]中的索引都是从 0 起算的，大家可以数一下这里的字符长度（中间的空格也算一个字符），然后会发现如果按照索引的 0 起算的话，总长度是 10，但为什么这里我们使用了 11 呢？那是因为这里是开区间，即不包含索引为第 11 位的值，这里用语法规则来表达一下：字符串名[开始索引 ：结束索引]，其中数据的获取范围是在大于等于开始索引且小于结束索引的字符，即>=开始索引且<结束索引。

示例 5：切片的省略写法。

```
seq= 'Hello World'
print(seq[3:] )
```

输出结果：lo World

这里我们演示了另外一种写法，即冒号右边的参数不填，表示为 seq[3：]，我们可以看到返回的结果为'lo World'，说明了如果语法中 indexEnd 不写的话，获取的是从索引 3 的位置开始的字符一直到整个字符串的结尾的字符。

示例 6：切片的省略写法。

```
seq= 'Hello World'
print(seq[:5] )
```

输出结果：Hello

同理，如果左边的参数不填，即语法中 indexStart 不写的话，获取的结果为'Hello'，这也说明了是从索引第 0 位（默认）一直获取到索引小于 5 的位置的字符。

示例 7：切片的负值写法。

```
seq= 'Hello World'
print(len(seq[-1:5]))
```

输出结果：0

这里会得到一个空字符，那是因为执行切片操作时，如果第一个索引指定的元素位于第二个索引指定的元素后面（在这里，倒数第 1 个元素位于第 5 个元素后面），结果就为空序列。此处使用了 len()函数，该函数的作用是获取对象的长度，也就是获取字符串的长度，这里显示为 0，则代表并没有获取到任何字符。

示例 8：多次切片。

```
str = "_abc123_"
sub_str1 = str[1:7]
letter = sub_str1[:3]
print(letter)
```

输出结果：abc

这里我们定义了一个名叫 str 的字符串，接着忽略左右两边的下画线并赋值给了 sub_str1，然后我们对新生成的 sub_str1 继续进行切片获取到其中的单词 abc 并赋值给了 letter。

提示 4 ：字符串运算符操作

字符串的操作除了索引和切片，还有使用运算符来完成的合并、格式化、重复、查找等操作，如表 3-1 所示。

表 3-1　字符串的运算符操作（举例：a='Hello', b='Python'）

运算符	描述	实例
+	字符串连接	>>>a + b 'HelloPython'
*	重复输出字符串	>>>a * 2 'HelloHello'
[]	通过索引获取字符串中字符	>>>a[1] 'e'
[:]	截取字符串中的一部分	>>>a[1:4] 'ell'
in	成员运算符——如果字符串中包含给定的字符返回 True	>>>"H" in a True
not in	成员运算符——如果字符串中不包含给定的字符返回 True	>>>"M" not in a True
r/R	原始字符串——所有的字符串都是直接按照字面的意思来使用，没有转义特殊或不能打印的字符。 原始字符除在字符串的第一个引号前加上字母"r"（可以大小写）以外，与普通字符串有着几乎完全相同的语法	>>>print r'\n' \n >>> print R'\n' \n

示例 9：字符串的合并操作。

```
str1 = '我爱你，'
str2 = '中国'
str3=str1+str2
print(str3)
```

输出结果：我爱你，中国

示例 10：字符串的格式化操作。

```
print("你好%s,你的工资是%d,并且%s 你购买本书"%('同学',100000,'感谢'))
print("你好{name}，你的工资是{sal}，并且{state}你购买本书".format(name="同学",sal=100000,state='感谢'))
print("你好{0}，你的工资是{1},并且{2}你购买本书".format("同学",100000,'感谢'))
```

三条语句的显示结果一样。输出结果：

你好同学，你的工资是 100000，并且感谢你购买本书

这里我们定义了 3 个 print 函数，注意看我们使用 3 种不同的方式对字符串进行了格式化操作。第一种方式是%定义的占位符，%号后面不同的类型跟不同的字母，如%s 代表一个字符串，%d 代表一个整数数值。第二种方式我们使用到了字符串的 format 函数，其中使用{占位符名称}的方式进行定义，注意这里的占位符名称是可以

随便起的，相当于字典的 key，但是要跟后面的 format 函数中的参数对应。第三种方式和第二种方式略有区别，区别在于我们使用的是{数字}的方式定义占位符，这样做的好处是后面 format 里不需要写×××=值的形式，而是直接根据位置绑定值，format 函数相对于第二种方式更加精简，通常我们采用的是第一种和第三种输出方式。

示例 11：字符串的重复操作。

```
str = "abc123"
str_repeat = str * 3
print(str_repeat)
```

输出结果：abc123abc123abc123

这里我们使用*号对字符串进行重复，*3 代表重复 3 次，注意这里的*并不是数学意义上的乘号，对于字符串来说，它是重复的意思。

示例 12：字符串的查找操作。

```
str = "abc123"
c_boolean = 'c' in str
print(c_boolean)
```

输出结果：True

这里的 in 关键字，可以判断一个字符是否存在。

如果字符串中有特殊的字符，比如说 '\'，则可以采用转义字符，类似于其他语言，也可以采用前缀加 "r" 字符的方式，如 print("c:\program\file")数据会发现有乱码，修改语句为 print(r"c:\program\file")显示正常。

示例 13：特殊字符串输出。

```
str1 = '回车\n'
str2 = r'回车\n'
print(str1,str2)
```

输出结果截图：

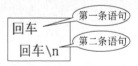

```
str1 = 'c:\program\file'
print(str1)
```

输出结果：

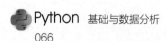

修改代码，在字符串前面加"r"字符：

```
str1 = r'c:\program\file'
print(str1)
```

输出结果：

```
c:\program\file
```

🐍 提示 5：字符串的内置函数操作

采用字符串的内置函数操作也能完成字符串的统计、切片、查找、合并、替换、连接等操作，如表 3-2 所示。

表 3-2　字符串的内置函数操作

方法名称	功能描述
count(str, beg=0, end=len(string))	返回 str 在 string 里面出现的次数，如果 beg 或者 end 指定查找范围，则返回指定范围内 str 出现的次数
split(str="", num=string.count(str))	以 str 为分隔符切片 string，如果 num 有指定值，则仅分隔 num+个子字符串
endswith(obj, beg=0, end=len(string))	检查字符串是否以 obj 结束，如果 beg 或者 end 指定，则检查指定的范围内是否以 obj 结束，如果是，返回 True,否则返回 False
find(str, beg=0, end=len(string))	检测 str 是否包含在 string 中，如果 beg 和 end 指定范围，则检查是否包含在指定范围内，如果是返回开始的索引值，否则返回-1
index(str, beg=0, end=len(string))	跟 find()方法一样，只不过如果 str 不在 string 中会报一个异常
isalpha()	如果 string 至少有一个字符并且所有字符都是字母则返回 True，否则返回 False
isdigit()	如果 string 只包含数字则返回 True 否则返回 False
join(seq)	以 string 作为分隔符，将 seq 中所有的元素（以字符串表示）合并为一个新的字符串
max(str)	返回字符串 str 中最大的字母
min(str)	返回字符串 str 中最小的字母
replace(str1, str2, num=string.count(str1))	把 string 中的 str1 替换成 str2，如果 num 指定，则替换不超过 num 次
decode(encoding='UTF-8', errors='strict')	以 encoding 指定的编码格式解码 string，如果出错默认报一个 ValueError 的异常，除非 errors 指定的是 'ignore' 或者 'replace'

示例 14：字符串的计数。

```
str = "abcabc"
count_num = str.count('c',0)
print(count_num)
```

输出结果：2

这里的 count 方法中后两个参数 beg、end 可以不写，默认从头到尾查找。

示例 15：字符串的检索和查找。

```
str = "123abcabc"
c_find = str.find('c')
print(c_find)
```

输出结果：5

注意，这里的 str 有两个 c 字符，但 find 方法默认从左往右找到第一次出现的位置，所以这里的 5 下标是第一次出现的位置。

示例 16：字符串的字母判断。

```
str = "123abcabc"
is_alpha = str.isalpha()
print(is_alpha)
```

输出结果：False

注意，这里因为 str 中有数字 123，因此返回 False。isalpha 方法需要字符串都是字母才可以返回 True。

示例 17：字符串的合并。

```
str = "-"
seq = ("a", "b", "c")
new_str = str.join( seq )
print(new_str)
```

输出结果：a-b-c

注意 join 方法并不会对原字符串进行修改，也就是 str 并不会改变，而是生成一个新的字符串 new_str。

示例 18：字符串的最大值。

```
str = "213cba"
max_str = max(str)
print(max_str)
```

输出结果：c

注意当一个字符串中既有数字又有字母的时候，max 方法实际上比对的是字符的 ASCII 码值，因此这里的输出结果为 c，因为 c 的 ASCII 码值最大。

示例 19：字符串的替换。

```
str1 = "abc123ab"
str2 = 'f'
```

```
replace_str = str1.replace('a',str2,1)
print(replace_str)
```

输出结果：fbc123ab

注意 replace 方法的第三个参数写了一个 1，则代表进行一次替换，因此只有第一个 a 字符被替换成了 f；如果不填写的话，是对整个字符串进行全部替换。

 工作实施

1. 设计代码编写思路

① 提示用户输入字符串数据。

② 设计 low 记录从左到右的下标索引，设计 high 记录从右到左的下标索引。

③ 循环执行，当 low 小于 high 时进行判断，字符串 low 所在位置和 high 所在位置的字符是否相等，如果不相等，退出循环。

④ 判断 low 和 high 的大小，如果循环正常退出，则该串是回文串，否则该串不是回文串。

2. 编写代码

```
s=input("输入一个字符串:").strip()
low=0
high=len(s)-1
while low<high:
    if s[low]!=s[high]:
        break
    low+=1
    high-=1
if low>=high:
    print("该字符串是回文串")
else:
    print("该字符串不是回文串")
```

3. 输出结果

输入一个字符串:>? noon 该字符串是回文串	输入一个字符串:>? student 该字符串不是回文串	输入一个字符串:>? sttts 该字符串是回文串

思考：字符串是奇数个位数的时候，退出条件是_____。

任务 2
敏感词替换

扫码看视频

任务书

　　对一串字符完成"暴力""非法""敏感"等假定敏感词的查找，并且采用"＊＊＊"进行替换。

工作准备

提示 1：元组

　　元组与列表类似，但是元组只能查看，不能修改（增、删、改）元组里面的每个元素。使用逗号分隔开，使用小括号括起来组成元组。元组与字符串类似，下标索引从 0 开始，可以进行截取、组合等操作。

　　示例 1：创建元组。

```
tup1 = ('test1', 'test2', 1997, 2000);
tup2 = (1, 2, 3, 4, 5 );
tup3 = "a", "b", "c", "d";
tup4=()
```

　　输出结果：

```
tup1 = {tuple} ('test1', 'test2', 1997, 2000)
tup2 = {tuple} (1, 2, 3, 4, 5)
tup3 = {tuple} ('a', 'b', 'c', 'd')
tup4 = {tuple} ()
```

　　注意：这里返回了四个新元组，可以看到有 tuple 标志，其中最后一个返回的是空元组，内容为空。

　　示例 2：访问元组，将上面的元组完成输出。

```
print("tup1[0]: ", tup1[0])
print("tup2[1:5]: ", tup2[1:5])
print("tup3[0:2]:",tup3[0:2])
```

```
print("tup3[-3]:",tup3[-3])
```

输出结果：

```
tup1[0]:  test1
tup2[1:5]:  (2, 3, 4, 5)
tup3[0:2]: ('a', 'b')
tup3[-3]: b
```

当索引写负值的时候，说明从右到左开始，最右-1，依次-1。

元组内容不能修改，当进行修改时，提示错误如下。

```
tup2[0]="d"
```

```
 File "<ipython-input-4-5ff75792f150>", line 1, in <module>
   tup2[0]="d"
TypeError: 'tuple' object does not support item assignment
```

提示 2：基本操作

对元组可以进行统计元素个数、连接、复制、最大值、最小值，判断元素是否存在于元组、迭代等操作。具体操作如表 3-3 所示。

表 3-3 元组的基本操作

操作	描述	举例
len	计算元素个数	len(1,2,3) 输出结果是：3
max	获取最大值	max(('5', '4', '8')) 输出结果是：8
min	获取最小值	min(('5', '4', '8')) 输出结果是：4
+	连接	（1,2,3）+（4,5,6）输出结果是：（1,2,3,4,5,6）
*	复制	('hi')*4 输出结果是：（'hi','hi', 'hi','hi')
in	元素是否存在	3 in (1,2,3) 输出结果是 True
for in 元组	迭代	for x in(1,2,3): print(x) 输出结果： 1 2 3

示例 3：元组拼接。

```
tup1 = ('test1', 'test2', 1997, 2000)
tup2 = (1,2,3)
tup3 = tup1+tup2
print(tup3)
```

输出结果：('test1', 'test2', 1997, 2000, 1, 2, 3)

元组之间是可以进行相加的，相加的结果就会产生一个新的元组，那么有人就会问了，元组的元素该如何删除呢？

示例4：元组删除。

```
tup1 = ('test1', 'test2', 1997, 2000)
del tup1
print(tup1)
```

输出结果报错：NameError: name 'tup1' is not defined

因为元组拥有不可分割的特性，因此删除元组实际上是把整个元组删除，无法删除其中的某个元素，而这里因为 tup1 被删除了，所以我们打印结果时就会出现 NameError: name 'tup1' is not defined 的错误。

 工作实施

1. 设计代码编写思路

用户输入字符串，在输入串中查找"暴力""非法""敏感"三个关键词，如果有，则采用***完成替换。

2. 编写代码

```
str=input("请用户输入一行字符")
words=("暴力","非法","敏感")
for s in words:
    if s in str:
        str=str.replace(s,"***")
print(str)
```

3. 运行输出结果

请用户输入一行字符>? 美国近半个月来暴力事件频发，敏感的大众期待开展"弗洛伊德"
美国近半个月来***事件频发，***的大众期待开展"弗洛伊德"

思考 1：读者完成文件操作后可以将输入字符修改成从文本文件读入数据，并且修改计入文本中，操作如何完成呢？

思考 2：for in 的迭代操作是否只能在元组中使用？在字符串中可以使用吗？比如说代码

```
for s in "字符串":
    print(s)
```

结果是什么？请读者思考并写下你的答案：_____

任务 3
购物车操作

 任务书

　　请用户输入所带的钱款，并给出商品列表清单，供用户选择购买，用户输入希望购买的商品号，当用户所选择的商品是自己所带的钱可以支付的，则进入购物车，如果超出了用户的购买力，则提示出错信息，如果用户输入的是"q"字符则说明购买完成，提示用户所有选中的商品和所余金额。

工作准备

提示 1：列表定义

　　列表和元组的主要不同在于，列表是可以修改的，而元组不可以。这意味着列表适用于需要中途添加元素的情形，而元组适用于出于某种考虑需要禁止修改序列的情形。禁止修改序列通常出于技术方面的考虑，与 Python 的内部工作原理相关，这也是有些内置函数返回元组的原因所在。

　　列表是最常用的 Python 数据类型，它可以以一个方括号内的逗号分隔值出现。列表的数据项不需要具有相同的类型，创建一个列表，只要把逗号分隔的、不同的数据项使用方括号括起来即可。

　　示例 1：创建列表。

```
c1 = ['test1', 'test2', 1997, 2000]
c2 = list("hello")
print(c1[0],c2[1])
```

输出结果：test1 e

这里我们定义了两个列表，分别使用[]和 list 函数进行创建，c1 列表中包含了 4 个元素，c2 列表中则是将 hello 字符串进行拆解，包含了 5 个字符元素，因此输入时，我们会看到 c1[0]输出的结果是 test1，而 c2[1]输出的结果是 e。

🐍 提示 2：列表操作

可对列表执行所有的标准序列操作，如索引、切片、拼接和相乘，但列表的有趣之处在于它是可以修改的。本节将介绍一些修改列表的方式：给元素赋值、删除元素、给切片赋值以及使用列表的方法（请注意，并非所有列表方法都会修改列表）。

1．修改列表：给元素赋值

修改列表很容易，但不是使用类似于 c1 = 2 这样的赋值语句，而是使用索引表示法给特定位置的元素赋值，如 c1[0] = 2。

示例 2：修改列表。

```
c1 = ['test1', 'test2', 1997, 2000]
c1[0] = 2
print(c1[0])
```

输出结果：2

2．删除元素

从列表中删除元素也很容易，只需使用 del 语句即可。

示例 3：删除列表元素。

```
c1 = ['test1', 'test2', 1997, 2000]
del c1[2]
print(c1)
```

输出结果：['test1', 'test2', 2000]

可以看到，1997 这个元素被删除了。

3．给切片赋值

切片是一个非常强大的功能，而切片能够赋值，使得这个功能更加强大。

示例 4：切片赋值。

```
c1 = ['test1', 'test2', 1997, 2000]
c1[1:] = list("abc")
c1[0:1] = ['hello']
print(c1)
```

输出结果：['hello', 'a', 'b', 'c']

我们可以看到赋值的结果，这就是切片赋值的强大所在。

示例 5：列表的切片操作。

```
list1=[1, 2, 3, 4, 5, 6, 7, 8, 9, 10]
list1[0:10:1]
```

输出结果：[1, 2, 3, 4, 5, 6, 7, 8, 9, 10]

```
list1[0:10:2]
```

输出结果：[1, 3, 5, 7, 9]

```
list1[3:6:3]
```

输出结果：[4]

显式地指定步长时，也可使用前述简写。例如，要从序列中每隔 3 个元素提取 1 个，只需提供步长 4 即可。

```
list1[::4]
```

输出结果：[1, 5, 9]

当然，步长不能为 0，否则无法向前移动，但可以为负数，即从右向左提取元素。

```
list1[8:3:-1]
```

输出结果：[9, 8, 7, 6, 5]

```
list1[10:0:-2]
```

输出结果：[10, 8, 6, 4, 2]

```
list1[0:10:-2]
```

输出结果：[]

```
list1[::-2]
```

输出结果：[10, 8, 6, 4, 2]

```
list1[5::-2]
```

输出结果：[6, 4, 2]

```
list1[:5:-2]
```

输出结果：[10, 8]

在这种情况下，要正确地提取颇费功夫。如你所见，第一个索引依然包含在内，而第二个索引不包含在内。步长为负数时，第一个索引必须比第二个索引大。可能会使人迷惑的是，当你省略起始索引和结束索引时，Python 竟然执行了正确的操作：步长为正数时，它从起点移到终点，而步长为负数时，它从终点移到起点。

```
url = input('Please enter the URL:')
```

```
domain = url[11:-4]
print("Domain name: " + domain)
```

验证：Please enter the URL:>? http://www.baidu.com

输出结果：Domain name: baidu

提示 3：列表方法

方法是与对象（列表、数、字符串等）联系紧密的函数。通常，像下面这样调用方法：object.method(arguments)。

方法调用与函数调用很像，只是在方法名前加上了对象和句点。列表包含多个可用来查看或修改其内容的方法。例如使用其中的 count 方法，获取指定元素在列表中出现的次数。表 3-4 所示为列表的内置函数。

表 3-4　列表的内置函数

方法名称	功能描述
append	用于将一个对象附加到列表末尾
clear	清空列表的内容
copy	复制列表
count	计算指定的元素在列表中出现了多少次
extend	能够同时将多个值附加到列表末尾
index	查找指定值第一次出现的索引
insert	将一个对象插入列表
pop	从列表中删除一个元素（末尾为最后一个元素），并返回这一元素
remove	删除列表中第一个为指定值的元素
reverse	按相反的顺序排列列表中的元素
sort	对列表排序。排序意味着对原来的列表进行修改，使其元素按顺序排列，而不是返回排序后的列表的副本

示例 6：append 操作。

```
list1= [1,2,3]
list1.append(4)
print(list1)
```

输出结果：[1, 2, 3, 4]

示例 7：clear 操作。

```
list1= ['a','b','c']
list1.clear()
```

```
print(list1)
```

输出结果：[]

示例 8：copy 操作。

```
list1 = [1, 2, 3]
list2 = list1.copy()       #也可以用
list2 = list1
list2[0] = 5
print(list2)
```

输出结果：[5, 2, 3]

示例 9：count 操作。

```
c1 = list("aaabbc")
count_times = c1.count('a')
print(count_times)
```

输出结果：3

示例 10：extend 操作。

```
list1 = [1, 2, 3]
list2 = [4, 5, 6]
list1.extend(list2)
print(list1)
```

输出结果：[1, 2, 3, 4, 5, 6]

示例 11：index 操作。

```
site = ['baidu','google','yahoo']
subscript = site.index('google')
print(subscript)
```

输出结果：1

示例 12：insert 操作。

```
site = ['baidu','google','yahoo']
site.insert(1,'souhu')
print(site)
```

输出结果：['baidu', 'souhu', 'google', 'yahoo']

示例 13：pop 操作。

```
site = ['baidu','google','yahoo']
```

```
end = site.pop()
print(end)
```

输出结果：yahoo

示例 14：remove 操作。

```
site = ['baidu','google','yahoo']
site.remove('google')
print(site)
```

输出结果：['baidu', 'yahoo']

示例 15：reverse 操作。

```
list1 = [1, 2, 3, 4, 5]
list1.reverse()
print(list1)
```

输出结果：[5, 4, 3, 2, 1]

示例 16：sort 操作。

```
list1 = [3, 2, 1, 4, 5]
list1.sort()
print(list1)
```

输出结果：[1, 2, 3, 4, 5]

示例 17：列表和元组之间的转换操作。

```
tup2 = (1, 2, 3, 4, 5 );
list1=list(tup2)
list1[2]=5  #可以修改列表的数据内容
print (list1)
type(tuple(list1))
```

输出结果：

```
[1, 2, 5, 4, 5]
Out[6]: tuple
```

tup 是元组，通过 list 函数执行之后 list1 变成了列表，数据内容可以修改。同理，列表也可以转换成元组，采用函数 tuple 函数实现列表转换成元组，type()输出类型。

🔲 (提示 4)：列表推导式

列表推导式（又称列表解析式）提供了一种简明扼要的方法来创建列表。它的

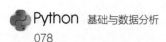

结构是在一个中括号里包含一个表达式，然后是一个 for 语句，然后是 0 个或多个 for 或者 if 语句。表达式可以是任意的，意思是你可以在列表中放入任意类型的对象。返回结果将是一个新的列表，在以 if 和 for 语句为上下文的表达式运行完成之后产生。当采用 for 循环完成列表推导式时，其语法格式在语句中详细介绍，在此简单说明。

for item in iterable:
　　循环代码块

则采用 for 循环构成列表的方法是：

```
a=[]
for i in range(1,10):
    a.append(i)
```

但如果采用列表推导式，产生同上相同的列表的方法是：

```
a=[i for i in range(1,10)]
```

读者可以自行证明两个方法的结论一致。

举例，假设想产生一个数组，数据是 1～10 的平方，那么代码是：

```
a=[i**2 for i in range(1,10)]
```

举例分析代码：

```
[x*y for x in range(1,5) if x > 2 for y in range(1,4) if y < 3]
```

列表推导式的执行顺序：各语句之间具有嵌套关系，左边第二个语句是最外层，依次往右进一层，左边第一条语句是最后一层。因此得到的列表是[3,6,4,8]，等价的代码是：

```
a=[]
for x in range(1,5):
    if x > 2:
        for y in range(1,4):
            if y < 3:
                a.append(x*y)
```

示例 18：for 循环输出一个列表。

```
list = ['hello', 'world', 1, 2, 3]
for i in list:
    print(i, end=",")
```

输出结果：hello,world,1,2,3,

这里我们定义了一个列表，然后使用 for 循环遍历整个列表，每次循环都将列表中的元素赋值给 *i* 变量，最后打印出来。注意这里的 print 函数中我们使用了 end=","，如果不填，默认是在每次循环之后进行换行，如果设置了，比如这里设置成了逗号，那么就会在每次循环之后加上逗号。

Python 3 中 zip 函数接受任意多个可迭代对象作为参数，将对象中对应的元素打包成一个元组，然后返回一个可迭代的 zip 对象。这个可迭代对象可以使用循环的方式列出其元素，若多个可迭代对象的长度不一致，则所返回的列表与长度最短的可迭代对象相同。

示例 19：多重循环的使用。

```python
if __name__=='__main__':
    names = ['xiaoming','wangwu','lisi']
    ages = ['23','24','26']
for name,age in zip(names,ages):
    print(name,age)
```

输出结果：xiaoming 23
　　　　　wangwu 24
　　　　　lisi 26

 工作实施

1. 设计代码编写思路

首先获取用户的钱数，当用户不够买商品的时候给出提示；给出菜单提示商品清单，用户选择可以购买的商品编号，如果用户的钱数可以购买该商品，则将商品存入购物车中。购物车采用列表存放，并将用户剩余钱数计算，继续显示菜单，供用户继续购买，直到用户输入"q"字符表示不再购买，退出购物，显示购物车的所有商品，并提示用户剩余的金额。

2. 代码编写，参考代码如下

```python
# 元组示例
goods_list = [
    ('手机',3000),
    ('笔记本电脑',10500),
    ('自行车',1500),
```

```python
        ('手表',1000),
        ('咖啡',35),
        ('python 教材',25),
    ]
cart_list = []
salary = input("输入你准备的钱数:")
if salary.isdigit():
    salary = int(salary)
    while True:
        for index,item in enumerate(goods_list):
            print(index,item)
        user_choice = input("选择要买什么? >>>:")
        if user_choice.isdigit():
            user_choice = int(user_choice)
            if user_choice < len(goods_list) and user_choice >=0:
                p_item = goods_list[user_choice]
                if p_item[1] <= salary: #用户的钱够支付要买的商品
                    cart_list.append(p_item)
                    salary -= p_item[1]    #用户的钱减去商品的价格
                    print("增加商品 %s 到购物车,你当前还剩余 \033[31;1m%s\
033[0m" %(p_item,salary) )
                else:
                    print("\033[41;1m 你的余额只剩[%s]啦, 不够买该商品\033
[0m" % salary)
            else:
                print("你所输入的商品编号 [%s] 不存在"% user_choice)
        elif user_choice == 'q':
            print("--------购物车清单------")
            for p in cart_list:
                print(p)
            print("你剩余的钱:",salary)
            exit()
        else:
            print("无效选项")
```

3. 运行代码

```
输入你准备的钱数:1500
0 ('手机', 3000)
1 ('笔记本电脑', 10500)
2 ('自行车', 1500)
3 ('手表', 1000)
4 ('咖啡', 35)
5 ('python教材', 25)
```

```
选择要买什么? >>>:3
增加商品 ('手表', 1000) 到购物车,你当前还剩余 500
0 ('手机', 3000)
1 ('笔记本电脑', 10500)
2 ('自行车', 1500)
3 ('手表', 1000)
4 ('咖啡', 35)
5 ('python教材', 25)
```

```
选择要买什么? >>>:2
你的余额只剩[500]啦, 不够买该商品
0 ('手机', 3000)
1 ('笔记本电脑', 10500)
2 ('自行车', 1500)
3 ('手表', 1000)
4 ('咖啡', 35)
5 ('python教材', 25)
```

```
选择要买什么? >>>:q
----------购物车清单----------
('手表', 1000)
你剩余的钱: 500
```

任务 4
单词个数统计

扫码看视频

任务书

对英文文章按照单词进行分词，统计每一个单词所出现的次数，并根据出现次数从大到小完成显示输出。

工作准备

  提示 1：字典定义

Python 内置了字典：dict。dict 全称 dictionary，在其他语言中也称为 map，字典是另一种可变容器模型，且可存储任意类型对象，具有极快的查找速度。字典是一种通过名字或者关键字引用的数据结构，其键可以是数字、字符串、元组，这种结构类型也称为映射。字典类型是 Python 中唯一内建的映射类型，它是一种无序的映射类型。

提示 2：字典方法

字典可以通过{}进行定义，也可以通过 dict()函数进行定义，字典的每个键值 key=>value 对用冒号 "："分割，每个键值对之间用逗号 ","分割，整个字典包括在花括号 {} 中，其语法格式为：

```
{key1:value1,key2:value2}
```

表 3-5 所示为字典的常用方法。

表 3-5　字典的常用方法

方法名称	功能描述
clear	清空字典中所有的 key-value 对
get	根据 key 来获取 value，它相当于方括号语法的增强版，当使用方括号语法访问并不存在的 key 时，字典会引发 KeyError 错误；但如果使用 get() 方法访问不存在的 key，该方法会简单地返回 None，不会导致错误
update	使用一个字典所包含的 key-value 对来更新已有的字典。在执行 update() 方法时，如果被更新的字典中已包含对应的 key-value 对，那么原 value 会被覆盖；如果被更新的字典中不包含对应的 key-value 对，则该 key-value 对被添加进去
items	获取字典所有的 key-value 对
keys	获取字典所有的 key
values	获取字典所有的 value
pop	随机弹出字典中的一个 key-value 对
popitem	从列表中删除一个元素（末尾为最后一个元素），并返回这一元素
setdefault	获取对应 value 的值。但该方法有一个额外的功能，即当程序要获取的 key 在字典中不存在时，该方法会先为这个不存在的 key 设置一个默认的 value，然后再返回该 key 对应的 value
fromkeys	使用给定的多个 key 创建字典，这些 key 对应的 value 默认都是 None；也可以额外传入一个参数作为默认的 value

示例 1：字典的创建与访问。

```
dict1 = {"key1":"hello world","key2":123456,"key3":11.11}  #创建
number = dict1["key2"]   #访问
print(number)
```

输出结果：123456

此处我们通过{}方式创建了一个名为 dict1 的字典，并对字典设置了 3 个键值对，然后我们使用[]进行字典的访问，key2 就是字典其中的一个键值对的键名，最后我们看到输出结果是该键所对应的值，这就是字典的特性，通过键来访问值的映射关系。

请读者注意，这里的关键词必须是字典里面出现过的，如果关键词写错了，比

如说 "key2" 写成 dict1["hey2"]，输出结果会报错，出错代码："KeyError: 'hey'"。

示例 2：dict 函数的使用。

```
dict1 = dict(key1=1.2, key2="abcd", key3="cdef")
dict1["key3"] = [1, 2, 3, 4]
print(dict1)
```

输出结果：{'key1': 1.2, 'key2': 'abcd', 'key3': [1, 2, 3, 4]}

这里我们用 dict 指定关键字参数创建字典，此时字典的 key 不允许使用表达式，上面输出结果的代码在创建字典时，其 key 直接写 key1、key2、key3，不需要将它们放在引号中。

示例 3：字典内容的修改。

```
dict1 = {"key1":"hello world","key2":123456,"key3":11.11}  #创建
dict1['key3'] = 8 # 更新
dict1['key4'] = "RUNOOB" # 添加
print(dict1)
```

输出结果：{'key1': 'hello world', 'key2': 123456, 'key3': 8, 'key4': 'RUNOOB'}

将字典内容 key3 关键字的值修改为 8，新增字典的关键字 "key4"。

示例 4：字典的删除。

```
dict1 = dict(key1=1.2, key2="abcd", key3="cdef")
dict1["key3"] = [1, 2, 3, 4]
del dict1["key3"]
print(dict1)
dict1.clear()        # 清空字典所有条目
print(dict1)
del dict1        #删除字典
print(dict1)
```

输出结果：第一条 print 语句删除后的 dict1 是字典{'key1': 1.2, 'key2': 'abcd'}，当 clear 清空字典所有条目时，输出结果是 "{}"，当采用 del 删除字典后，再次输出 print 时会报错，因为字典已经被删除。字典通过 del、字典名[key]进行删除操作。

示例 5：判断字典是否包含指定的 key。

```
dict1 = dict(key1=1.2, key2="abcd", key3="cdef")
dict1["key3"] = [1, 2, 3, 4]
isContent = "key2" in dict1
print(isContent)
```

输出结果：True

如果要判断字典是否包含指定的 key，则可以使用 in 或 not in 运算符。需要注意的是，对于 dict 而言，in 或 not in 运算符都是基于 key 来判断的。

示例 6： 遍历字典访问。

```
message_dict = {
'name' : 'guodong',
'age' : '21',
'sex' : 'M',
'weight' : '140',
'height' : '180'}
for key,value in message_dict.items():
  print ("key:" + key)
  print ("value:" + value)
```

将字典内所有元素依次遍历访问。

输出结果：

```
key:name
value:guodong
key:age
value:21
key:sex
value:M
```

```
key:weight
value:140
key:height
value:180
```

 工作实施

1. 设计代码编写思路

① 字符串中所有"，""."":"符号都修改成空格符" "。

② 按照空格分词。

③ 提取单词，如果在字典中已经存在，则数量增 1，否则数量为 1。

④ 字典转换成列表，列表中有一个排序函数，可以根据单词出现的次数进行排序，方法是 list(字典或者元组)，也可以直接使用列表推导式计算出列表。

⑤ 列表排序，并按照逆序（即单词出现个数由多到少排序）输出。

2. 编写代码

```
# coding:utf-8
paper='The night begins to shine,Night begins to shine,The night begins
```

```
to shine,When we are dancing'
    wordCounts={}
    line=paper.lower()
    for ch in line:
        if ch in ".,:":
            line=line.replace(ch,' ')
    words=line.split()
    for word in words:
        if word in wordCounts:
            wordCounts[word]+=1
        else:
            wordCounts[word]=1
    items=[[x,y] for (y,x) in wordCounts.items()]
    items.sort()
    for i in range(len(items)-1,-1,-1):
        print("单词%s,个数%d"%(items[i][1],items[i][0]))
```

3. 运行输出结果

单词to, 个数3
单词shine, 个数3
单词night, 个数3
单词begins, 个数3
单词the, 个数2

单词when, 个数1
单词we, 个数1
单词dancing, 个数1
单词are, 个数1

思考1:代码中变量 wordCounts 可不可以先转换成列表,再根据列表进行排序?

思考2: 为何遍历字典要将(y,x)变成 [x,y]? 尝试修改代码查看结果有什么不同?

拓展
思考

编写代码并运行

① 定义一个字符串"abcd123abcd 你好",要求分别取出"abcd""123""abcd""你好"进行输出。

② 定义一个待格式化的字符串"欢迎{0},进入{1}的世界!",要求格式化输出成"欢迎你同学,进入 Python 的世界!"。

③ 定义一个字符串"a,b,c,d,e,f"，要求重复该字符串 3 次，并替换所有的"a"为"z"。

④ 定义一个字符串"mytest.txt"，要求判断是不是以".xls"结尾。

⑤ 定义一个字符串"1234"，要求判断该变量是不是纯数字字符串。

⑥ 请编写一个列表，存储 9 个数字，找出其中的最大值和最小值。

⑦ 请编写一个列表，存储 a～z 26 个英文字符，找出 h 所在位置。

⑧ 请编写一个列表，存储 1～10 这 10 个数字，将大于 5 的数字生成一个新的元组并输出该元组内容。

⑨ 将一个'helloworld'字符串转换成列表，将 hello 删除，输出删除后的列表。

⑩ 定义两个元组，将两个元组合并，生成一个新的元组。

⑪ 编写一个字典，读取字典中所有的键并输出。

⑫ 编写一个字典，获取字典的某个键，如果该键不存在，则返回默认空字符串。

⑬ 编写一个字典，将所有的值转换成一个列表。

⑭ 创建一个 1 到 10 的数组，然后逆序输出。

⑮ 创建一个长度为 20 的全 1 数组，然后变成一个 4×5 的二维矩阵并转置。

⑯ 从 1 到 100 中随机选取 10 个数，构成一个长度为 10 的数组，选出其中的奇数。

⑰ 在数组[1, 2, 3, 4, 5]中相邻两个数字中间插入 1 个 0。

⑱ 从数组 a 中提取 5 和 10 之间的所有项。a=np.array([7,2,10,2,7,4,9,4,9,8])。

项目四
函数实现

学习
目标

知识目标

- ◎ 掌握函数的概念与分类。
- ◎ 掌握函数的定义与调用方法。
- ◎ 掌握函数参数的设置，熟悉实参与形参之间的传递方式。
- ◎ 理解全局变量与局部变量的特点。

能力目标

- ◎ 能根据要求完成函数的定义，掌握函数实参和形参的使用。
- ◎ 能根据函数的结构与功能正确调用函数。
- ◎ 具有初步模块化设计系统的能力。

素质目标

- ◎ 培养对语言学习的求知欲。
- ◎ 培养精益求精的做事态度。

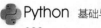

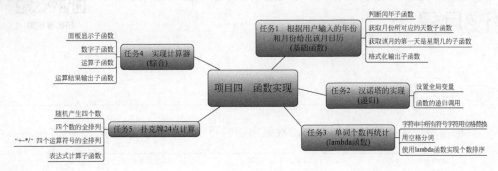

　　函数在 Python 语言中是较为重要的概念。函数允许程序在不同的代码片段之间切换。函数的调用本质是一个逐步求精的过程，将一个大的问题分解成更小的易于解决的子问题，每个子问题都可以用函数实现。这种方法易于程序的编写、重用、调试、测试、修改和维护，也更加方便团队之间的操作。从本项目开始，我们将学习如何实现和使用用户自定义函数。随后，我们将学习 Python 函数的定义域和值域，还将讨论如何使用 Python 函数组织程序，以简化复杂程序的开发任务。本项目还将特别讨论那些可以把控制转换到自身的函数，即函数自己调用本身，此过程称为递归（recursion）调用。初次接触递归时，读者可能会感觉其违反直觉，但递归可帮助用户开发解决复杂问题的简单程序。对于这些复杂的问题，如果不借助递归功能，使用其他方法实现非常困难。在计算任务中，任何时候只要可以清晰地分离任务，就建议使用函数分离任务。我们将在本项目中反复强调这个程序设计理念，并在本项目结尾以一个实例说明一个复杂的编程任务如何分解为若干小的子任务，然后独立开发子任务并实现与其他子任务交互。在整个项目中，我们将充分使用之前开发的函数和模块，强调模块化编程的实用性。

扫码看视频

任务 1
根据用户输入的年份和月份给出该月日历

 任务书

根据用户输入的年份和月份，检索出当月日历，如图 4-1 所示。

请输入年份: 2021						
请输入月份: 5						
日	一	二	三	四	五	六
						1
2	3	4	5	6	7	8
9	10	11	12	13	14	15
16	17	18	19	20	21	22
23	24	25	26	27	28	29
30	31					

请输入年份: 2020						
请输入月份: 5						
日	一	二	三	四	五	六
					1	2
3	4	5	6	7	8	9
10	11	12	13	14	15	16
17	18	19	20	21	22	23
24	25	26	27	28	29	30
31						

请输入年份: 2021						
请输入月份: 4						
日	一	二	三	四	五	六
				1	2	3
4	5	6	7	8	9	10
11	12	13	14	15	16	17
18	19	20	21	22	23	24
25	26	27	28	29	30	

图 4-1　根据用户输入的年份和月份给出该月日历

 工作准备

提示 1：函数的定义

函数是被组织好的、可重复使用的、用来实现单一或相关联功能的代码段。函数能提高应用的模块性和代码的重复利用率。

通过之前程序对函数的使用，可以很容易理解调用一个 Python 函数的效果。例如，当程序包含代码 math.sqrt(a-b)时，其效果等同于把该代码替换为通过传递参数 a-b 调用 Python 函数 math.sqrt()产生的返回值，而 sqrt 函数求解计算其平方根。这种使用方法十分直观，一般无须说明。如果想知道系统如何实现该调用效果，则需要了解该调用过程所包含的程序控制流程。通过函数调用实现程序流程控制，等同于选择结构和循环结构。

函数先定义后使用。前面我们已经使用过 Python 提供的许多内建函数，比如

print()。但你也可以自己创建函数，这种函数被叫作用户自定义函数。

Python 强调函数必须在使用之前定义。

函数的定义格式：

```
def    函数名（形式参数）：
       函数体
       return 变量表列      #返回语句
```

函数定义的第 1 行称为函数头部，函数头部从 def 关键词开始，紧随其后的是函数名称以及函数的每个形式参数变量名称。函数头部包括关键字 def、函数名、一系列包括在括号中的零或多个形式参数变量名、一个英文冒号，其中括号中的形式参数变量采用逗号分隔。紧跟函数头部的是函数体。return 语句是可以省略项，如果函数没有返回值可以不使用。表 4-1 所示为函数概念和 Python 语言语法构造的对应关系。

表 4-1   函数概念和 Python 语言语法构造的对应关系

函数概念	Python 语法构造	功能描述
函数	函数	映射
输入值	实际参数	函数的输入
输出值	返回值	函数的输出
公式	函数体	函数定义
独立变量	形式参数变量	输入值的符号占位符

此外，说明了一个 Python 程序的典型结构包括如下三个部分。

① 一系列 import 语句。

② 一系列函数定义。

③ 任意数量的全局代码，即程序的主体。

提示 2：函数的调用

如前所述，一个 Python 函数的调用首先是函数名，随后是紧跟着包含在括号中以逗号分隔的实际参数。Python 函数调用方法与传统的数学函数调用方法完全一致。实际参数可以是表达式，表达式求值后，其计算结果值作为输入值传递给函数。当函数调用结束后，返回值代替函数调用，函数调用效果（返回值）等同于一个变量的值（可能包含在表达式中）。

调用函数的格式：

① 函数名（）;

② 函数名（实参表列）;

前者调用的函数是无参函数，后者实参表列是与该函数的形参表列相对应的。

【说明】

① 实参表列的排列顺序和数据类型都要与形参表列相一致。如果有两个以上的实参，则以逗号分隔。

② 可在多处位置调用同一个函数，当函数没有返回值时，调用它只能作为一条独立的语句，当函数有返回值时，既可以把它作为一条独立的语句执行，也可以出现在表达式中参加运算。

③ 函数的调用应遵循先定义后调用的原则，即程序在编译时，编译器在调用某一函数时必须事先知道该函数的结构。对于库函数而言，只要在程序开始时写上包含头文件的命令，就可以直接调用该头文件里的库函数了。而对于用户函数，要注意程序中主调函数和被调函数的位置关系。

如果被调用函数的定义出现在主调函数之前，那么编译系统在执行调用之前就已经知道了被调函数的类型结构，就会根据函数定义时函数头部提供的信息对函数的调用性作出正确性检查，从而完成整个编译过程。举例说明：

示例 1：单个参数，返回输入参数的平方。

```python
def square(x):
    return x*x
print(square(4))
```

输出结果：16

如果将 print 语句放到 def 函数定义之前，则对 print square 语句报错，提示没有定义的引用。

示例 2：多个形式参数，测试返回两个数之间的最大数。

```python
def max(num1,num2):
    if num1>num2:
        result=num1
    else:
        result=num2
    return result
print(max(4,5))
```

输出结果：5

示例 3：当函数输入参数是不确定个数的情况。

```python
def demo(*para):
    avg=sum(para)/len(para)
    g=[i for i in para if i>avg]
    return (avg,)+tuple(g)
```

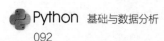

```
print(demo(1,2,3,4))
```

输出结果：（2.5,3,4）

示例 4：无返回值，输出 hello world。

```
def prints(str):
    print('hello world %s'%str)
prints('every student')
```

输出结果：hello world, every student

示例 5：多条 return 语句。

```
def isPrime(n):
    if n<2:return False
    i=2
    while i*i<=n:
        if n%i==0:return False
        i+=1
    return True
print(isPrime(5))
```

输出结果：True

验证：print (isPrime(4))

输出结果：False

示例 6：多个函数，每一个执行不同的功能。

在一个.py 文件中，可以定义任意多个函数。各函数相互独立，除非它们之间彼此调用，函数在文件中定义的位置与顺序无关。例如：

```
import math
def square (x):
    return x*x
def hypot(a, b):
    return math.sqrt(square(a) + square (b))
square(4)
hypot(3,4)
```

输出结果：16
　　　　　5

可以看出，一个源程序文件中可以写多个子函数，通过不同的调用函数各自执行不同的运算代码，所得结论也不一样。

一个对数组实现排序、混排或其他修改作为参数的函数无须返回数组的引用，因为函数修改的是数组本身，而不是数组的副本。但很多情况下，函数需要返回一个数组，其主要作用是函数创建一个数组，用于返回多个相同类型的数据对象给用户。

　　示例 7：列表作为返回值，函数返回一个随机浮点数列表。

```python
import random
def randomarry(n):
    a=[0 for i in range(n)]
    for i in range(n):
        a[i]=random.random()
    return a
a=randomarry(3)
```

　　列表 a 的生成结果是产生 3 个随机数。

　　示例 8：向标准输出写入命令行参数指定的调和数。程序定义了一个函数 harm()，根据给定的整型参数 n，调用函数计算第 n 阶调和数：$1+1/2+1/3+...+1/n$。程序的运行过程和结果如下：

```python
import sys
def harm(n):
    total = 0.0
    for i in range(1,n+1):
        total +=1.0/i
    return total
for i in range(1,len(sys.argv)):
    arg = int(sys.argv[i])
    value = harm(arg)
    print(value)
```

　　输出结果：

```
(base) D:\teaching\python\second>python 4-7函数的外部执行.py 12 4
3.103210678210678
2.083333333333333
```

```
(base) D:\teaching\python\second>python 4-7函数的外部执行.py 10 100 1000 10000
2.9289682539682538
5.187377517639621
7.485470860550343
9.787606036044348
```

注意：此次运行需要在 Terminal 下输入 Python 的命令带参数的方式执行。Terminal 是 Pycharm 自带的终端，相当于 DOS 命令，可以通过 DOS 命令执行当前的 Python 文件，采用的语法格式是：

```
python 文件名 参数列表
```

示例 9：求解斐波那契数列，也就是 1 1 2 3 5 8…，数列中当某数字大于 20 时计算结束。

```
def fib(n):
    a,b=1,1
    while a<n:
        print(a,end=' ')
        a,b=b,a+b
    print()
fib(20)
```

输出结果：1 1 2 3 5 8 13

提示 3：函数的作用范围

变量的作用范围指可以直接访问该变量的一系列语句。函数的局部变量和形式参数变量的作用范围局限于函数本身在全局代码中定义的变量（称之为全局变量global variable），其作用范围局限于包含全局变量的.py 文件。因而，全局代码不能引用一个函数的局部变量、形式参数，一个函数也不能引用在另一个函数中定义的局部变量或形式参数变量。如果在一个函数中定义的局部变量（或形式参数变量）与全局变量重名，则局部变量（或形式参数变量）优先，即函数中定义的变量是指局部变量（或形式参数变量），而不是全局变量。

设计软件的一个指导原则为：定义变量的作用范围越小越好。使用函数的一个重要原因在于，修改函数的内容不会影响程序其他不相关的部分。所以，尽管在函数中的代码可以引用全局变量，但强烈建议不要在函数中引用全局变量，调用者应该使用函数形参变量实现与其函数的所有通信，而函数则应该使用函数的 return 语句实现与其调用者的所有通信。局部变量和形式参数变量的作用范围如以下代码所示。

示例 10：函数的作用域。

```
x=4                #全局变量
def harmonic(n):
    total = 0.0    #total 是局部变量
```

```
for i in range(1, n+1):
    total += 1.0/i
return total
```

提示 4 ：参数传递和返回值的原理机制

下面将讨论 Python 语言中向函数传递参数和从函数返回值的特殊机制。虽然这些机制概念上十分简单，但有必要花时间透彻理解，因为其影响效果非常深远。理解参数传递和返回值的原理机制是学习任何一门新的程序设计语言的关键。

1. 通过对象引用实现调用

在函数体中的任何位置都可以使用形式参数变量，这和使用局部变量一样。形式参数变量和局部变量的唯一区别在于，Python 使用调用代码传递对应的实际参数来初始化形式参数变量，我们称这种方法为通过对象引用实现调用，这种调用的一种后果是，如果一个参数变量指向一个可变对象，在函数中又想改变该对象的值，则在调用代码中，该对象的值也被改变（因为二者指向同一个对象）。在 Python 中，数值类型 int、float，字符串 str，元祖 tuple、boole 都是不可变对象；列表 list，集合 set，字典 dict 都是可变对象。

示例 11：不可变对象传递。

```
def f(i):
    i=5
i=6
f(i)
print(i)
```

输出结果是：6

其中，i 变量在两个位置，第一个是在函数体内，这是一个形式参数，另一个是在函数体外的主函数中，子函数即便改变了 i 变量的值，也不影响主函数的值。

示例 12：可变对象传递。

```
def f(a):
    a[0]=2
a=[1,2,3,4]
f(a)
print(a)
```

输出结果是：[2,2,3,4]

其中，a 变量是一个列表，是一个可变对象，因此主函数中定义了 a 对象，传递给子函数，子函数改变了 a 变量的下标索引为 0 的位置的数据值，则主函数中列表 a 的内容也将因此而改变。

2．不可变性和别名

如前所述，列表是可变数据类型，因为我们可以改变列表元素的值。相反地，一个数据类型是不可变的，是指该数据类型对象的值不可以被更改。前文学习的其他数据类型（int、float、str 和 bool）都是不可变的。对于不可变数据类型，有些操作表面上看起来修改了对象的值，但实际上是创建了一个新的对象，比如，语句 i = 99 创建了一个整数对象 99，并把指向该对象的引用赋值给变量 i。然后执行语句 j=i，把 i（一个对象引用）赋值给 j，所以变量 i 和 j 都引用（指向）同一个对象，即整数对象 99。如果两个变量指向同一个对象，则两个变量互为别名。然后，执行语句 j+=1，其结果是 j 引用一个值为 100 的对象，但语句并没有将已存在的值为 99 的整型对象 i 的值改变为 100。实际上，因为 int 对象为不可变对象，所以没有语句可以改变一个已存整型对象 i 的值。

示例 13：不可变性。

```
i=99
j=i
print(i,j,id(i),id(j))
j=i+100
print(i,j,id(i),id(j))
```

运行输出结果：

```
99 99 1662679584 1662679584
99 199 1662679584 1662682784
```

读者可以发现，当 j=i 执行后，两个变量引用同一地址，但是当 j=i+100 执行后，两个变量的值不同了，且 j 变量的引用地址和 i 变量的已经不同。

在 Python 语言中，关于函数参数传递必须铭记的关键点是，无论用户在什么时候传递实际参数给一个函数，实际参数和函数的形式参数互为别名。在实际应用中，语言别名的主要用途很重要，理解其效果是十分重要的。为了描述方便，假设需要者可能会尝试编写如下函数定义：

```
def inc(j):
    j +=1
i=99
i=inc(i)
```

案例中希望通过调用函数 inc(j)以递增整数 j。类似这样的代码在其他程序设计语言中可能会起作用，但在 Python 语言中无效。首先，语句 i=99 把指向整数99 的对象引用赋值给全局变量 i。然后，语句 inc(i)把 i（即对象引用）传递给函数inc，即对象引用被赋值给形式参数变量 j，此时 i 和 j 互为别名。如前所示，函数inc 的语句 j+1 不会改变整数 99，而是创建一个新的整数 100，并把其对象引用赋值给变量 j。但是，当函数 inc 调用结束返回到调用者后，其形式参数变量 j 超出了作用范围，而变量 i 依旧指向整数 99。上述示例表明，在 Python 语言中，一个函数无法改变一个整型对象的值（即函数无法产生副作用）。要递增变量 i，我们可以使用如下代码：

```
def inc(j):
    j +=1
    return j
i=99
i=inc(i)
print(i)
```

通过增加了 return 语句完成子函数内容返回给主函数，导致两段代码输出结果完全不一样，第一段函数的输出结果是 null，第二段输出结果是 100。上述情况同样适用于所有的不可变数据类型对象。一个函数无法改变一个整数、浮点数、布尔值或字符串的值。

3. 数组作为参数

如果函数使用数组作为参数，则该函数可实现操作任意数量对象的功能。例如，以下示例为计算一个浮点型或整数型数组的均值（平均值）。

示例 14：数组作为函数的输入参数。

```
def mean(a):
    total= 0
    for v in a:
        total +=v
    return total / len (a)
mean([1,2,3,4])
```

前文我们就已经使用数组作为参数。例如，根据惯例，Python 收集命令行中键入的字符串到数组 sys.argv[]，并隐式使用该字符串数组作为实际参数调用全局代码。

工作实施

1. 编写判断闰年的子函数，存于 selfcalendar.py 文件

```
def leap_year(year):
    if year%4==0 and year%100!=0 or year%400==0:
        return True
    else:
        return False
```

2. 获取月份对应的天数子函数，存于 selfcalendar.py 文件

```
def get_month_days(year,month):
    days=31
    if month==4 or month==6 or month==9 or month==11:
        days=30
    if month==2:
        if leap_year(year):
            days=29
        else:
            days=28
    return days
```

3. 获取该月的第一天是星期几的子函数，存于 selfcalendar.py 文件

```
def get_week_begin_day(year,month):
    totaldays=0
    for i in range(1,year):
        if leap_year(i):
            totaldays+=366
        else:
            totaldays+=365
    for i in range(1,month):
        totaldays +=get_month_days(year,i)
    return totaldays%7+1
```

4. 格式化输出子函数，存于 selfcalendar.py 文件

```
def get_month(year,month):
    print("日\t一\t二\t三\t四\t五\t六")
```

```
week_days=range(1,get_month_days(year,month)+1)
week_temp=[32]*(get_week_begin_day(year,month)+1)
week_temp.extend(week_days)
for i in range(1,len(week_temp)):
    if week_temp[i]<=31:
        print(week_temp[i],end='\t')
    else:
        print('',end='\t')
    if i %7 ==0:
        print('\n')
```

5. 编写主函数存放文件，调用 selfcalendar.py 文件中的子函数

```
import selfcalendar#导入 calc 文件
year=eval(input('请输入年份：'))   #读入年份
month=eval(input('请输入月份：'))  #读入月份
selfcalendar.get_month(year,month)   #调用函数获得输出
```

思考：如果想得到的是全年日历表，如何完成？系统自带的库函数可不可以直接实现？

参考代码：

```
import calendar
import locale
textcal=calendar.TextCalendar()
textcal.pryear(2020)
```

输出结果：

```
                                    2020

        January                   February                     March
Mo Tu We Th Fr Sa Su      Mo Tu We Th Fr Sa Su      Mo Tu We Th Fr Sa Su
          1  2  3  4  5                     1  2                           1
 6  7  8  9 10 11 12       3  4  5  6  7  8  9       2  3  4  5  6  7  8
13 14 15 16 17 18 19      10 11 12 13 14 15 16       9 10 11 12 13 14 15
20 21 22 23 24 25 26      17 18 19 20 21 22 23      16 17 18 19 20 21 22
27 28 29 30 31            24 25 26 27 28 29         23 24 25 26 27 28 29
                                                    30 31

         April                       May                        June
Mo Tu We Th Fr Sa Su      Mo Tu We Th Fr Sa Su      Mo Tu We Th Fr Sa Su
          1  2  3  4  5                  1  2  3       1  2  3  4  5  6  7
 6  7  8  9 10 11 12       4  5  6  7  8  9 10        8  9 10 11 12 13 14
13 14 15 16 17 18 19      11 12 13 14 15 16 17      15 16 17 18 19 20 21
20 21 22 23 24 25 26      18 19 20 21 22 23 24      22 23 24 25 26 27 28
27 28 29 30               25 26 27 28 29 30 31      29 30
```

```
        July                    August                 September
  Mo Tu We Th Fr Sa Su    Mo Tu We Th Fr Sa Su    Mo Tu We Th Fr Sa Su
         1  2  3  4  5                    1  2              1  2  3  4  5  6
   6  7  8  9 10 11 12     3  4  5  6  7  8  9     7  8  9 10 11 12 13
  13 14 15 16 17 18 19    10 11 12 13 14 15 16    14 15 16 17 18 19 20
  20 21 22 23 24 25 26    17 18 19 20 21 22 23    21 22 23 24 25 26 27
  27 28 29 30 31          24 25 26 27 28 29 30    28 29 30
                          31

       October                 November                December
  Mo Tu We Th Fr Sa Su    Mo Tu We Th Fr Sa Su    Mo Tu We Th Fr Sa Su
            1  2  3  4                       1              1  2  3  4  5  6
   5  6  7  8  9 10 11     2  3  4  5  6  7  8     7  8  9 10 11 12 13
  12 13 14 15 16 17 18     9 10 11 12 13 14 15    14 15 16 17 18 19 20
  19 20 21 22 23 24 25    16 17 18 19 20 21 22    21 22 23 24 25 26 27
  26 27 28 29 30 31       23 24 25 26 27 28 29    28 29 30 31
                          30
```

任务 2
汉诺塔的实现

 任务书

　　汉诺塔问题源于印度一个古老的传说。大梵天创造世界的时候做了三根金刚石柱子，在一根柱子上从下往上按照大小顺序摞着 64 片黄金圆盘，大梵天命令婆罗门把圆盘从下面开始按大小顺序重新摆放在另一根柱子上，并且规定，在小圆盘上不能放大圆盘，在三根柱子之间一次只能移动一个圆盘。希望通过计算机计算求解出搬圆盘的完整过程。如图 4-2 所示，以三个圆盘为例说明，要解决的问题是将三个圆盘从 1 号柱子移到 3 号柱子：

　　① 将 2 个圆盘（B、C）从 1 号柱子借助 3 号柱子移动到 2 号柱子；

　　② 将 A 从 1 号柱子移动到 3 号柱子；

　　③ 将 2 个圆盘（B、C）从 2 号柱子借助 1 号柱子移动到 3 号柱子。

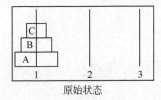
原始状态

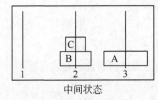
中间状态

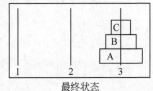
最终状态

图 4-2　汉诺塔问题

🐍 （提示）：函数的递归调用

如果一个函数在执行过程中要调用该函数本身，称为递归调用。递归调用通常用来把一个大的复杂问题转换为一个与原来问题本质相同但规模较小的、很容易解决或描述的问题，从而需要很少的代码就可以完成问题解决过程中需要大量重复计算的过程。在编写递归函数时，应注意：

① 递归函数的函数功能不变；
② 每次递归使得问题规模变小或者输入更简单；
③ 必须有一个边界条件保证递归过程可以退出；
④ 递归的深度可控制范围，不宜过深。

示例：实现计算 n 的阶乘。

```
#coding:utf-8
def fac(n):
  if n==1:
      return 1
  else:
      return n*fac(n-1)
print(fac(4)) #1*2*3*4=24
```

📟 工作实施

① 编写递归子函数，并定义全局性变量 times，记录移动的次数。

```
def hannoi(num, src, dst, temp=None):
    #声明用来记录移动次数的变量为全局变量
    global times
    #确认参数类型和范围
    assert type(num) == int, '数字必须是整数'
    assert num > 0, '数字必须大于0'
    #只剩最后或只有一个圆盘需要移动，这也是函数递归调用的结束条件
    if num == 1:
        print('第 {0} 次搬动:{1}==>{2}'.format(times, src, dst))
```

```
            times += 1
        else:
            #递归调用函数自身
            #先把除最后一个圆盘之外的所有圆盘移动到临时柱子上
            hannoi(num-1, src, temp, dst)
            #把最后一个圆盘直接移动到目标柱子上          递归调用
            hannoi(1, src, dst)
            #把除最后一个圆盘之外的其他圆盘从临时柱子上移动到目标柱子上
            hannoi(num-1, temp, dst, src)
```

② 编写主函数调用子函数。

```
#用来记录移动次数的变量
times = 1
#A 表示最初放置圆盘的柱子，C 是目标柱子，B 是临时柱子
hannoi(3, 'A', 'C', 'B')
```

③ 运行结果。

```
第 1 次搬动:A==>C
第 2 次搬动:A==>B
第 3 次搬动:C==>B
第 4 次搬动:A==>C
第 5 次搬动:B==>A
第 6 次搬动:B==>C
第 7 次搬动:A==>C
```

思考 1：尝试画出递归调用计算机执行的完整过程，帮助理解递归调用。

思考 2：尝试采用递归函数实现求取斐波那契数列的前 10 项。

```
def fib(a,b):
    global i
    if i<10:
        a=a+b
        b=a+b
        print(a,b)
        i+=2
        fib(a,b)
i=2
print(1,1)
fib(1,1)
```

任务 3
单词个数再统计

扫码看视频

 任务书

对项目三中任务 4 进行单词个数再次统计，通过采用 lambda 函数实现。具体操作：对英文文章按照单词进行分词，统计每一个单词所出现的次数，并根据出现次数从大到小完成显示输出。

工作准备

提示 1：lambda 函数

Python 中的 lambda 定义了有趣的匿名函数。匿名是指调用一次或几次后就不再需要的函数，属于"一次性函数"，临时使用的且没有函数名字的小函数，或者需要一个函数作为另一个函数参数的场合时匿名函数非常适用。

lambda 表达式只包含一个表达式，该表达式的计算结果可以看作是函数的返回值，不允许包含其他复杂的语句（如选择结构、循环、语句块等），但在表达式中可以调用其他函数。

语法格式：

```
lambda [arg1 [,arg2,…,argn]]:expression
```

示例：lambda 函数的使用。

① 将 lambda 函数赋值给一个变量，通过这个变量间接调用该 lambda 函数。

```
L=lambda x:x+2
print(L(3))
```

输出结果是：5

```
f=lambda x,y,z:x+y+z        #给 lambda 表达式起名字 f
f(1,2,3)
```

输出结果是：6

可以发现，使用 lambda 函数就像函数一样调用。

```
g=lambda x,y=2,z=3:x+y+z      #给出参数的默认值
g(1)                          #调用，输出结果是 6
g(2,z=4,y=5)                  #调用，输出结果是 11
```

可以给定 lambda 函数的参数默认值，比如说这段代码中的 y 和 z 分别给定 2,3，也可以改变默认值，比如说将 z=4,y=5，则输出结果是 11。

```
L=[(lambda x:x**2),(lambda x:x**3),(lambda x:x**4)] #定义三个 lambda
表达式，没有命名，可以用 L[0]、L[1]、L[2]访问
print(L[0](2),L[1](3),L[2](4)) #直接访问，第一个 lambda 表达式传递参数值 2
```

输出结果是：4 27 256

```
#定义字典为三个 lambda 表达式，表达式无参数
d={'f1':(lambda :2+3),'f2':(lambda :2*3),'f3':(lambda :2**3)}
print(d['f1'](),d['f2'](),d['f3']())    #调用 lambda 表达式 d['f1']()
```

输出结果是：5 6 8

② 定义 lambda 函数嵌套在函数体内。

```
def new_func(x):
    return(lambda y:x + y)
t = new_func(3)
u = new_func(2)
print(t(3))
print(u(3))
```

输出结果是：6 5

③ 定义不同的函数，并通过 lambda 调用不同的函数。

```
def fic(x):
    a=1 if x==1 else x*fic(x-1)
    return a
def abc(x):
    a=1 if x==1 else x+abc(x-1)
    return a
a=lambda x,y:x(y)
print(a(abc,4))
print(a(fic,4))
```

输出结果是: 10 24

④ 一个函数作为另一个函数的参数使用。

map 是将一个函数映射到列表上，相当于将列表的每一个数据作为参数传递给 lambda 函数。

```
L=[1,2,3,4,5]                #定义列表
print(list(map(lambda x:x+10,L)))  #将 lambda 函数映射到列表上,返回的数
据构成新的列表数据,map 不影响原来的列表
```

输出结果是: [11,12,13,14,15]

```
def demo(n):
    return n*n
a_list=[1,2,3,4,5]
list(map(lambda x:demo(x),a_list)) #将函数映射到 a_list 列表上
```

输出结果是: [1,4,9,16,25]

⑤ sort 和 sorted 排序函数。

sort()函数用于对原列表进行排序，如果指定参数，则使用指定的比较函数。

语法格式: list.sort(cmp=None, key=None, reverse=False)

参数:

● cmp——可选参数，如果指定了该参数，会使用该参数的方法进行排序；

● key——主要是用来进行比较的元素，只有一个参数，具体的函数参数就是取自于可迭代对象中，指定可迭代对象中的一个元素来进行排序；

● reverse——排序规则，reverse = True 降序，reverse = False 升序（默认）。

```
data=list(range(20))
import random
random.shuffle(data)  #将列表的数打乱
print(data)
data.sort()    #排序
print(data)     #[0, 1,2,3,4,…,19]
```

输出结果是:

```
[5, 3, 10, 11, 0, 17, 8, 12, 9, 7, 15, 6, 16, 1, 2, 13, 14, 4, 19, 18]
[0, 1, 2, 3, 4, 5, 6, 7, 8, 9, 10, 11, 12, 13, 14, 15, 16, 17, 18, 19]
```

```
data.sort(key=lambda x:len(str(x)),reverse=True)  #按照输入数据的字符
串长度逆序排列
print(data)
```

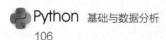

输出结果是：[10, 11, 12, 13, 14, 15, 16, 17, 18, 19, 0, 1, 2, 3, 4, 5, 6, 7, 8, 9]

```
import random
x=[[random.randint(1,10) for j in range(5)] for i in range(5)] #列
表推导式，产生一个 5 行 5 列的从 1～10 取得的随机数的列表
print(x)
x.sort(key=lambda item:(item[1],item[4])) #将 x 列表按照下标为 1 的列排
序，如果相同的，按照下标为 4 的列排序
print(x)
y=sorted(x,key=lambda item:(item[1],item[4]))#将 x 列表按照下标为 1 的
列排序，如果相同的，按照下标为 4 的列排序
print(y)
```

输出结果是：

```
[[4, 2, 5, 7, 4], [4, 8, 4, 8, 4], [6, 4, 4, 8, 9], [9, 9, 8, 9, 4], [2, 3, 8, 7, 8]]
[[4, 2, 5, 7, 4], [2, 3, 8, 7, 8], [6, 4, 4, 8, 9], [4, 8, 4, 8, 4], [9, 9, 8, 9, 4]]
[[4, 2, 5, 7, 4], [2, 3, 8, 7, 8], [6, 4, 4, 8, 9], [4, 8, 4, 8, 4], [9, 9, 8, 9, 4]]
```

注意：sort 与 sorted 方法的区别是：

● sort 是应用在 list 上的方法，sorted 可以对所有可迭代的对象进行排序操作；

● list 的 sort 方法是对已经存在的列表进行操作，无返回值，而内建函数 sorted 方法返回的是一个新的 list，而不是在原来的基础上进行的操作。所以，运行 sorted 函数需要赋值给另一个变量 y，而运行 sort 函数是直接修改变量 x。

```
number={2,1,3}
number.sort()
print(number)
```

输出结果是：AttributeError: 'set' object has no attribute 'sort'

```
number={2,1,3}
num=sorted(number)
print(num)
```

输出结果是：[1, 2, 3]

```
students = [('john', 'A', 15), ('jane', 'B', 12), ('dave', 'B', 10)]
y=sorted(students, key=lambda item: item[2])#根据 students 的第 2 列完
成排序字典排序
```

```
print(y)
```

输出结果是：[('dave', 'B', 10), ('jane', 'B', 12), ('john', 'A', 15)]

```
d = {'lily':25, 'wangjun':22, 'John':25, 'Mary':19}
sorted_keys = sorted(d)
print(sorted_keys)
```

输出结果是：['John', 'Mary', 'lily', 'wangjun']

```
d = {'lily': 25, 'wangjun':22, 'John':25, 'Mary':19}
sorted_keys =sorted(d, key = lambda item:item[0])
print(sorted_keys)
sorted_keys =sorted(d.items(), key = lambda item: item[0])
print(sorted_keys)
```

输出结果是：

```
['wangjun', 'Mary', 'lily', 'John']
[('Mary', 19), ('wangjun', 22), ('lily', 25), 'John', 25)]
```

备注：items()方法以列表返回视图对象，是一个可遍历的 key/value 对，如果要获得字典的键值对，需要使用 d.items()方法返回。

⑥ filter 函数。filter()过滤函数，过滤掉不符合条件的元素，返回由符合条件元素组成的新列表。

语法格式：filter(function, iterable)

参数：

● function——判断函数；
● iterable——可迭代对象。

将 lambda 函数作为参数传递给 filter 函数：

```
data=[1,2,3]
print(list(filter(lambda x: x % 3 == 0,data)))
```

输出结果是：[3]

提示 2：set 函数

set()函数用来创建一个无序不重复元素集，可进行关系测试、删除重复数据，还可以计算交集、差集、并集等。

```
x = set('runoob')
y = set('google')
print(x,y)
```

```
x & y          # 交集
x | y          # 并集
x - y          # 差集
```

输出结果是：

```
{'b', 'u', 'o', 'n', 'r'} {'o', 'g', 'e', 'l'}
{'o'}
{'b', 'e', 'g', 'l', 'n', 'o', 'r', 'u'}
{'b', 'n', 'r', 'u'}
```

工作实施

1. 文中 ',..:' 等符号全部去除，变成空格

```
lici='The night begins to shine,Night begins to shine,The night begins
to shine,When we are dancing'
w=[',','.',':']
#将文中其他符号变成空格，字符改小写
for i in w:
    lici=lici.replace(i,' ').lower()
```

2. 按照空格进行分词

```
words=lici.split()              #按照空格分词
```

3. 去除相同的词

```
words_set = set(words)          #去掉相同词
```

4. 查找每个单词出现的个数，将单词和个数记录到集合中

```
words_dict = {index: words.count(index) for index in words_set}#按
照集合中的个数进行排序，关键词没有
```

5. 采用 lambda 函数完成根据 values 进行排序

```
for word in sorted(words_dict.items(), key = lambda x: x[1], reverse =
True):
    print('{}--{} 次'.format(word[0],word[1]))
```

输出结果是：

```
begins--3 次
night--3 次
shine--3 次
to--3 次
the--2 次
are--1 次
we--1 次
dancing--1 次
when--1 次
```

思考：请将项目三中的单词个数统计和本段代码进行比较，发现异同。同样的问题 Python 有多样的解决方法，哪个方法更加快捷和方便？

任务 4
实现计算器

扫码看视频

 任务书

完成一个简易计算器的编码，实现界面效果如图 4-3 所示。

图 4-3　计算器界面

工作准备

提示：Tkinter 模块

Tkinter 模块是 Python 标准 Tk GUI 工具包的接口，提供图形界面设计。使用该模块，需要用 import tkinter 语句导入 tkinter 包，创建一个 GUI 程序，步骤如下：

① 导入 Tkinter 模块；

② 创建控件；

③ 指定这个控件的 master， 即这个控件属于哪一个；

④ 告诉 GM(geometry manager) 有一个控件产生了。

Tkinter 模块包含常用控件如表 4-2 所示。

表 4-2 模块包含的控件

控件	描述
Button	按钮控件；在程序中显示按钮
Checkbutton	多选框控件；用于在程序中提供多项选择框
Label	标签控件；可以显示文本和位图
Text	文本控件；用于显示多行文本
Menu	菜单控件；显示菜单栏、下拉菜单和弹出菜单

示例：创建图形界面。

```
#!/usr/bin/python
#-*- coding: UTF-8 -*-
import tkinter
top = tkinter.Tk()
# 进入消息循环
top.mainloop()
```

 工作实施

1. 界面布局设计

① 导入 Tkinter 模块；

② 创建面板；
③ 设置面板显示。

```
import tkinter #导入Tkinter模块
root = tkinter.Tk()
root.minsize(280,500)
root.title('简易计算器')
#1.界面布局
#显示面板
result = tkinter.StringVar()
result.set(0)                              #显示面板显示结果1，用于显示默认数字0
result2 = tkinter.StringVar()              #显示面板显示结果2，用于显示计算过程
result2.set('')
#显示版
label = tkinter.Label(root,font = ('微软雅黑',20),bg = '#EEE9E9',bd
='9',fg = '#828282',anchor = 'se',textvariable = result2)
label.place(width = 280,height = 170)
label2 = tkinter.Label(root,font = ('微软雅黑',30),bg = '#EEE9E9',bd
='9',fg = 'black',anchor = 'se',textvariable = result)
label2.place(y = 170,width = 280,height = 60)
root.mainloop()
```

2. 数字键、运算符号键界面设计代码
① 设置数字键按钮显示；
② 设置运算符号按钮显示。

```
#数字键按钮
btn7 = tkinter.Button(root,text = '7',font = ('微软雅黑',20),fg =
('#4F4F4F'),bd = 0.5,command = lambda : pressNum('7'))
btn7.place(x = 0,y = 285,width = 70,height = 55)
btn8 = tkinter.Button(root,text = '8',font = ('微软雅黑',20),fg =
('#4F4F4F'),bd = 0.5,command = lambda : pressNum('8'))
btn8.place(x = 70,y = 285,width = 70,height = 55)
btn9 = tkinter.Button(root,text = '9',font = ('微软雅黑',20),fg =
('#4F4F4F'),bd = 0.5,command = lambda : pressNum('9'))
btn9.place(x = 140,y = 285,width = 70,height = 55)
btn4 = tkinter.Button(root,text = '4',font = ('微软雅黑',20),fg =
```

```
('#4F4F4F'),bd = 0.5,command = lambda : pressNum('4'))
    btn4.place(x = 0,y = 340,width = 70,height = 55)
    btn5 = tkinter.Button(root,text = '5',font = ('微软雅黑',20),fg =
('#4F4F4F'),bd = 0.5,command = lambda : pressNum('5'))
    btn5.place(x = 70,y = 340,width = 70,height = 55)
    btn6 = tkinter.Button(root,text = '6',font = ('微软雅黑',20),fg =
('#4F4F4F'),bd = 0.5,command = lambda : pressNum('6'))
    btn6.place(x = 140,y = 340,width = 70,height = 55)
    btn1 = tkinter.Button(root,text = '1',font = ('微软雅黑',20),fg =
('#4F4F4F'),bd = 0.5,command = lambda : pressNum('1'))
    btn1.place(x = 0,y = 395,width = 70,height = 55)
    btn2 = tkinter.Button(root,text = '2',font = ('微软雅黑',20),fg =
('#4F4F4F'),bd = 0.5,command = lambda : pressNum('2'))
    btn2.place(x = 70,y = 395,width = 70,height = 55)
    btn3 = tkinter.Button(root,text = '3',font = ('微软雅黑',20),fg =
('#4F4F4F'),bd = 0.5,command = lambda : pressNum('3'))
    btn3.place(x = 140,y = 395,width = 70,height = 55)
    btn0 = tkinter.Button(root,text = '0',font = ('微软雅黑',20),fg =
('#4F4F4F'),bd = 0.5,command = lambda : pressNum('0'))
    btn0.place(x = 70,y = 450,width = 70,height = 55)
    #运算符号按钮
    btnac = tkinter.Button(root,text = 'AC',bd = 0.5,font = ('黑体',20),fg =
'orange',command = lambda :pressCompute('AC'))
    btnac.place(x = 0,y = 230,width = 70,height = 55)
    btnback = tkinter.Button(root,text = '←',font = ('微软雅黑',20),fg =
'#4F4F4F',bd = 0.5,command = lambda:pressCompute('b'))
    btnback.place(x = 70,y = 230,width = 70,height = 55)
    btndivi = tkinter.Button(root,text = '÷',font = ('微软雅黑',20),fg =
'#4F4F4F',bd = 0.5,command = lambda:pressCompute('/'))
    btndivi.place(x = 140,y = 230,width = 70,height = 55)
    btnmul = tkinter.Button(root,text ='×',font = ('微软雅黑',20),fg =
"#4F4F4F",bd = 0.5,command = lambda:pressCompute('*'))
    btnmul.place(x = 210,y = 230,width = 70,height = 55)
    btnsub = tkinter.Button(root,text = '-',font = ('微软雅黑',20),fg =
```

```
('#4F4F4F'),bd = 0.5,command = lambda:pressCompute('-'))
    btnsub.place(x = 210,y = 285,width = 70,height = 55)
    btnadd = tkinter.Button(root,text = '+',font = ('微软雅黑',20),fg =
('#4F4F4F'),bd = 0.5,command = lambda:pressCompute('+'))
    btnadd.place(x = 210,y = 340,width = 70,height = 55)
    btnequ = tkinter.Button(root,text = '=',bg = 'orange',font = ('微软
雅黑',20),fg = ('#4F4F4F'),bd = 0.5,command = lambda :pressEqual())
    btnequ.place(x = 210,y = 395,width = 70,height = 110)
    btnper = tkinter.Button(root,text = '%',font = ('微软雅黑',20),fg =
('#4F4F4F'),bd = 0.5,command = lambda:pressCompute('%'))
    btnper.place(x = 0,y = 450,width = 70,height = 55)
    btnpoint = tkinter.Button(root,text = '.',font = ('微软雅黑',20),fg =
('#4F4F4F'),bd = 0.5,command = lambda:pressCompute('.'))
    btnpoint.place(x = 140,y = 450,width = 70,height = 55)
    #操作函数
    lists = []                #设置一个变量,保存运算数字和符号的列表
    isPressSign = False     #添加一个判断是否按下运算符号的标志,假设默认没有按下按钮
    isPressNum = False
    #数字函数
    def pressNum(num):       #设置一个数字函数,判断是否按下数字,并获取数字将数字写
在显示板上
        global lists         #全局化 lists 和按钮状态 isPressSign
        global isPressSign
        if isPressSign == False:
            pass
        else:                #重新将运算符号状态设置为否
            result.set(0)
            isPressSign = False
        #判断界面的数字是否为 0
        oldnum = result.get()        #第一步
        if oldnum =='0':             #如果界面上数字为 0,则获取按下的数字
            result.set(num)
        else:                        #如果界面上的数字不是 0,则链接新按下的数字
            newnum = oldnum + num
            result.set(newnum)       #将按下的数字写到面板中
```

```
#运算函数
def pressCompute(sign):
    global lists
    global isPressSign
    num = result.get()                  #获取界面数字
    lists.append(num)                   #保存界面获取的数字到列表中
    lists.append(sign)                  #将按下的运算符号保存到列表中
    isPressSign = True
    if sign =='AC':  #如果按下'AC'按键,则清空列表内容,将屏幕上的数字键设置
为默认数字 0
        lists.clear()
        result.set(0)
    if sign =='b':                      #如果按下的是 'b',则选取当前数字第一位到倒数
第二位
        a = num[0:-1]
        lists.clear()
        result.set(a)
```

3. 编写运算函数

```
#获取运算结果函数
def pressEqual():
    global lists
    global isPressSign
    curnum = result.get()               #设置当前数字变量,并获取添加到列表
    lists.append(curnum)
    computrStr = ''.join(lists)  #将 lists 列表内容用 join 命令将字符串连
接起来
    endNum = eval(computrStr)           #用 eval 命令运算字符串中的内容
    #    a = str(endNum)
    #    b = '='+a                      #给运算结果前添加一个 '=' 显示,不过这样
写会有 BUG 不能连续运算,这里注释,不要 =
    #    c = b[0:10]                    #所有的运算结果取 9 位数
    result.set(endNum)                  #将运算结果显示到屏幕 1
    result2.set(computrStr)             #将运算过程显示到屏幕 2
    lists.clear()                       #清空列表内容
```

4. 运行输出效果

任务 5
扑克牌 24 点计算

任务书

扑克牌计算 24 是一种棋牌类益智游戏，要求四个数字运算结果等于 24，这个游戏用扑克牌更容易开展。拿一副牌，抽去大小王后，剩下 1～13 这 52 张牌（以下用 A 代替 1）。任意抽取 4 张牌（称为牌组），用加、减、乘、除（可加括号，高级玩家也可用乘方、开方与阶乘运算）把牌面上的数算成 24。每张牌必须使用且只能用一次。如抽出的牌是 3、8、8、9，那么算式为 (9-8)×8×3=24。

这里，我们编程实现计算，根据系统自动产生的四张扑克牌的随机数（意味着这四个数的选择范围只能是 1～13），进行任意的加减乘除运算，得到最终的结果是24，则完成输出，给出计算过程。

工作准备

提示 1：itertools.permutations 函数

连续返回由迭代器元素生成的长度为 r 的排列。如果 r 未指定或为 None，则 r

默认设置为迭代器的长度，这种情况下，生成所有全长排列。排列依字典序发出，因此，如果迭代器是已排序的，排列元组将有序地产出。即使元素的值相同，不同位置的元素也被认为是不同的。如果元素值都不同，每个排列中的元素值不会重复，语法格式：

```
itertools.permutations(iterable, r=None)
```

示例 1：列表数据的全排列。

```
import  itertools
s=[1,2,3]
print(list(itertools.permutations(s,3)))
```

输出结果是：[(1, 2, 3), (1, 3, 2), (2, 1, 3), (2, 3, 1), (3, 1, 2), (3, 2, 1)]

```
s=[1,3,1]
print(list(itertools.permutations(s,3)))
```

输出结果是：[(1, 3, 1), (1, 1, 3), (3, 1, 1), (3, 1, 1), (1, 1, 3), (1, 3, 1)]

注意：不管哪一个迭代器的操作，都需要进行转换，比如说这里的 list 转换成列表。

```
s=[1,3,1]
print(tuple(itertools.permutations(s,3)))
```

输出结果是：((1, 3, 1), (1, 1, 3), (3, 1, 1), (3, 1, 1), (1, 1, 3), (1, 3, 1))

提示 2：异常的基本概念

在程序运行过程中，总会遇到各种各样的错误。有的错误是程序编写有问题造成的，比如输出一个未赋值的变量、本来应该输出整数结果输出了字符串，这种错误我们通常称为 bug，bug 必须通过修改 Python 程序来修复。有的错误是用户输入造成的，比如让用户输入 email 地址，执行结果得到一个空字符串，这种错误可以通过对用户输入做相应的处理，验证用户是否已填写表单中的必填项目。还有一类错误是在程序运行过程中完全无法预测的，比如写入文件的时候，磁盘满了，写不进去了，或者从网络抓取数据，网络突然断掉了。这类错误也称为异常，通常必须尽可能在 Python 程序中预先编写异常处理代码，否则程序会因为各种问题终止并退出。

为处理这些异常，可在每个可能发生这些异常的地方都使用条件判断语句来预防。例如，对于每个除法运算，都检查除数是否为零。然而，这样做不仅效率低下、缺乏灵活性，还可能导致程序难以阅读。

项目四　　函数实现

117

异常（exception）是程序在运行过程中发生的、由于外部问题（如硬件错误、输入错误等）导致的程序错误。异常都是在程序运行时出现的。一般需要使用 Python 内置的一套异常处理机制来处理。不是所有的错误都要使用异常处理机制进行处理。语法错误、未缩进错误等，一般通过修改 Python 程序来修复，而不必捕获这些异常进行处理。用户输入是不确定的，一般除了用正常程序检查处理外，也可能需要使用 Python 异常处理机制来处理。外部硬件或文件或网络异常，类似零除、用户输入、名称未声明等错误情形，一般都要通过异常处理机制来处理。

```
int(input("请输入:"))
```

请输入:>? 1a

错误：ValueError: invalid literal for int() with base 10: '1a'。输入的值错误，要求是十进制数据。

```
if (True) #缺少：  语法错误
        print(True)
```

错误：SyntaxError: invalid syntax，语法错误，缺少 "："。

```
print(8 *(2/0)) #0 不能作为除数，触发异常
```

错误：ZeroDivisionError: division by zero，除数不能为 0。

```
print(8 + i*2)  #i 未定义，触发错误
```

错误：NameError: name 'i' is not defined，i 变量没有定义。

```
print("8" + 2)  #int 不能与 str 相加，触发类型错误
```

错误：TypeError: must be str, not int，类型错误，字符串不能和整数相加。

提示 3：异常处理机制

Python 内置了一套异常处理机制，来帮助我们进行错误处理。常规的方法是采用异常捕获的方式，基本语法结构是采用 try:…except:…else:…finally:…，除了可以使用 raise 抛出异常，和 finally 进行结合使用，还可以结合 else 进行使用，else 用来返回输出的正确信息，但正确内容大多写在 try 语句中，所以 else 并不常用；在该语句中也可以根据实际情况添加多个 except 处理不同的异常信息。

```
try:
    可能产生异常的代码块
except [ (Error1, Error2,… ) [as e] ]:
    处理异常的代码块 1
except [ (Error3, Error4,… ) [as e] ]:
```

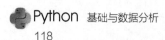

```
    处理异常的代码块 2
except [Exception]:
    处理其它异常
else:
    如果 try 中的语句没有引发异常，则执行 else 中的语句
finally:
    无论是否出现异常，都执行的代码
```

示例 2：除数为零的异常处理。

```
x = y = z = 0
try:
    print(1/x+2/y+3/z)
    print(1/x*2/y*3/z)
except (ZeroDivisionError):
    print("发生异常，是零除异常！")
else:
    print("执行到我，表明 try 内没有发生异常!")
finally:
    print("无论异常是否发生,都会执行我!")
```

你可以以各种方式引发和尽可能捕获这些异常，从而逮住错误并确认和采取相关措施，继续后续执行程序或者控制整个程序终止，而不是放任整个程序失败。

使用 Python 异常处理机制，遇见可预见的异常时，不会抛出不友好的 traceback 并终止程序，而是由 except 决定抛出的信息。Python 的异常处理机制让你能够细致地控制与用户分享错误信息的程度，要分享多少信息由你决定。

示例 3：当输入数据遇到取整操作后报出非整数值异常处理。

```
while (True):
    try:
        n = int(input("请输入一个整数："))
        break
    except(ValueError):
        print("您输入的不是整数，导致发生值异常，请再次输入！")
```

请输入一个整数：1.01
您输入的不是整数，导致发生值异常，请再次输入！
请输入一个整数：a

您输入的不是整数，导致发生值异常，请再次输入！

请输入一个整数：–1

系统会正确通过，不会报错。

本例中，程序执行到 try 语句块的 int 函数时，通过用户输入，此时如果输入的不是整数，传入无效的参数，则发生异常（ValueError），这时永久放弃执行 try 后续代码，跳出 try 语句块，按 except 子句先后顺序执行，按 except 子句中异常类的先后顺序来匹配具体的异常类 ValueError，找到第一个匹配异常类，结束捕获异常，执行第一个匹配到 ValueError 的 except 子句中的错误处理代码。如果匹配不到异常类，抛出不友好的 traceback 并终止程序。当匹配到异常后，提示错误信息给用户，并通过 while 循环继续请用户重新输入。在 Python 代码编写中可以看到的常用的异常类型如表 4-3 所示。

表 4-3　常用异常类型

异常名称	描述
BaseException	所有异常的基类
KeyboardInterrupt	用户中断执行(通常是输入^C)
Exception	常规错误的基类
FloatingPointError	浮点计算错误
OverflowError	数值运算超出最大限制
ZeroDivisionError	除(或取模)零 (所有数据类型)
AttributeError	对象没有这个属性
IOError	输入/输出操作失败
ImportError	导入模块/对象失败
SyntaxError	Python 语法错误
IndentationError	缩进错误
TypeError	对类型的无效操作
ValueError	传入无效的参数

示例 4：输入整数报各种类型错误，采用多条 except 子句：int()函数遇到非整数值执行异常，input()函数遇到用户键盘中断(CTRL+C)执行异常。

```python
while (True):
    try:
        n = int(input("请输入一个整数："))
        break
    except(ValueError):
        print("您输入的不是整数，导致发生值异常，请再次输入！")
```

```
    except(KeyboardInterrupt):
        print("用户中断执行(通常是输入 CTRL+C),请再次输入! ")
```

请输入一个整数：
您输入的不是整数，导致发生值异常，请再次输入！
请输入一个整数：w
您输入的不是整数，导致发生值异常，请再次输入！

Python 使用 raise 语句抛出一个指定的异常。

要引发异常，可使用 raise 语句，并将一个异常类作为参数，或将异常类的实例（用异常类的带参数构造函数来创建实例）作为参数。

示例 5：raise 语句的参数是异常类的实例。

```
x = 10
if x > 5:
    raise Exception("x 不能大于 5.x 的值为:{}".format(x))
```

输出结果：x 不能大于 5.x 的值为:10

示例 6：raise 语句抛出异常后，使用 try/except 语句进行异常处理。

```
try:
    x = 10
    if x > 5:
        raise Exception("x 不能大于 5.x 的值为:{}".format(x))
except(Exception)as err:
    print("业务发生错误: {0}".format(err))
```

输出结果：业务发生错误：x 不能大于 5.x 的值为：10

 工作实施

1. 定义整体架构，设计主函数和五个子函数

① generateNumber()：产生四个数字，比如说 11 7 2 10；

② generateNumberList()：将四个数字进行全排列，上述数字产生的是

[[11, 7, 10, 2]，[11, 2, 7, 10]，[2, 11, 10, 7]，[2, 7, 11, 10]，[2, 11, 7, 10]，[10, 2, 7, 11]，[7, 11, 2, 10]，[7, 10, 11, 2]，[2, 7, 10, 11]，[7, 2, 10, 11]，[7, 10, 2, 11]，[11, 7, 2, 10]，[2, 10, 11, 7]，[7, 11, 10, 2]，[2, 10, 7, 11]，[11, 2, 10, 7]，[11, 10, 2, 7]，[10, 11, 2, 7]，[11, 10, 7, 2]，[10, 7, 11, 2]，[10, 11, 7, 2]，[10, 7, 2, 11]，[10, 2, 11, 7]，[7, 2, 11, 10]]；

③ generateOperatorList()：产生 "+-*/" 的全排列，符号产生的是

[['*', '−', '/'], ['*', '/', '−'], ['*', '−', '+'], ['*', '/', '+'], ['−', '/', '+'], ['/', '−', '+'], ['+', '/', '−'],
['+', '−', '/'], ['−', '*', '/'], ['/', '*', '−'], ['−', '+', '*'], ['/', '+', '*'], ['−', '+', '/'], ['/', '+', '−'],
['−', '*', '+'], ['/', '*', '+'], ['+', '−', '*'], ['+', '*', '/'], ['+', '*', '−'], ['+', '/', '*'], ['*', '+', '−'],
['*', '+', '/'], ['−', '/', '*'], ['/', '−', '*']];

④ insertParentheses(): 运算, 判断是否等于 24, 如果等于则记录表达式并输出。

```python
import random
import itertools
def generateNumber():
    return 0
def generateNumberList(numbers):
    return 0
def generateOperatorList(operators):
    return 0
# 全排列
def insertParentheses(number_list, operator_list):
    return 0
operators = ['+', '-', '*', '/']
numbers = generateNumber()  # 随机生成四个 1~14 之间的数
# numbers=inputNumber()#由用户输入 4 个数
number_list = generateNumberList(numbers)
operator_list = generateOperatorList(operators)
insertParentheses(number_list, operator_list)
```

2. 编写 generateNumber 函数内容

① 采用 random.randint 函数完成随机产生四个数字, 存放到 numbers 列表中;
② 循环遍历输出列表, 显示产生的四个随机数;
③ 返回 numbers 列表。

```python
def generateNumber():
    # count=int(input('请输入数字个数: '))
    count = 4
    numbers = []
    for i in range(0, count):
        randnumner = random.randint(1, 14)
        numbers.append(randnumner)
    print('随机生成的 4 个数字为: ')
```

```
    for each in numbers:
        print(each, ' ')
    print()
    return numbers
```

3. 编写 generateNumberList 函数内容

① 循环遍历采用 itertools.permutations()将 number 列表生成全排列的列表 result_list；

② 返回列表 result_list。

```
def generateNumberList(numbers):
    result_list = []
    count = 0
    for each_tuple in set(itertools.permutations(numbers, len(numbers))):
        result_list.append(list(each_tuple))
        count += 1
    return result_list
```

4. 编写 generateOperatorList 函数内容

① 循环遍历采用 itertools.permutations()将 "+-*/" 生成全排列的列表到 result_list；

② 返回 result_list。

```
def generateOperatorList(operators):
    result_list = []
    count = 0
    for each_tuple in set(itertools.permutations(operators,
len(operators))):
        templist = list(each_tuple)
        templist.pop()
        result_list.append(templist)
    return result_list
```

5. 编写 insertParentheses 函数内容

遍历每一个 number_list 列表中的四个数字，遍历 operator_list 列表中的每一个运算符号，计算结果是否等于 24，如果等于，则表达式进入 expression_list 列表；如果不等于，则加入括号重新完成计算，通过括号改变计算的次序重新计算是否等于 24，直至所有的计算全部完成。

```python
def insertParentheses(number_list, operator_list):
    count = 0
    expression_list = []
    for each_number_list in number_list:
        for each_operator_list in operator_list:
            expression1 = str(each_number_list[0]) + each_operator_
list[0] + str(each_number_list[1]) + each_operator_list[1] + str(each_
number_list[2]) + each_operator_list[2] + str(each_number_list[3])
            try:
                result = eval(expression1)
            except:
                result = 0
            if result == 24:
                expression_list.append(expression1 + '=' + str(result))
                count += 1
            else:
                expression2 = '(' + str(each_number_list[0]) + each_
operator_list[0] + str(each_number_list[1]) + ')' + each_operator_list[1] +
str(each_number_list[2]) + each_operator_list[2] + str(each_number_list[3])
                try:
                    result = eval(expression2)
                except:
                    result = 0
                if result == 24:
                    expression_list.append(expression2 + '=' + str (result))
                    count += 1
                else:
                    expression3 = str(each_number_list[0]) + each_operator_
list[0] + '(' + str(each_number_list[1]) + each_operator_list[1] + str
(each_number_list[2]) + ')' + each_operator_list[2] + str(each_number_list[3])
                    try:
                        result = eval(expression3)
                    except:
                        result = 0
                    if result == 24:
```

```
                        expression_list.append(expression3 + '=' + str
(result))

                        count += 1
                else:
                    expression4 = str(each_number_list[0]) + each_
operator_list[0] + str(each_number_list[1]) \
                                + each_operator_list[1] + '(' + str
(each_number_list[2]) + each_operator_list[2] \
                                + str(each_number_list[3]) + ')'
                    try:
                        result = eval(expression4)
                    except:
                        result = 0
                    if result == 24:
                        expression_list.append(expression4 + '=' +
str(result))

                        count += 1
    for each in expression_list:
        print(each)
    print('一共有%d个表达式' % count)
```

备注：在 Python 中代码一行写不下的时候，采用"\"符号转到下一行。

运行结果是：

随机生成的4个数字为：
11
12
6
2
2+12*11/6=24.0
2+12/6*11=24.0
11/6*12+2=24.0
2+11*12/6=24.0
2*11+12/6=24.0
12*11/6+2=24.0
2+11/6*12=24.0
11*12/6+2=24.0
12/6+2*11=24.0
12/6+11*2=24.0
12/6*11+2=24.0
11*2+12/6=24.0
一共有12个表达式

随机生成的4个数字为：
2
12
10
5
(12+5)*2-10=24
(12-5)*2+10=24
2*(5+12)-10=24
10+(12-5)*2=24
2*(12+5)-10=24
2*(12-5)+10=24
(5+12)*2-10=24
10+2*(12-5)=24
一共有8个表达式

随机生成的4个数字为：
6
12
13
3
一共有0个表达式

思考：如果想请用户输入 4 个数，计算 24 点的表达式，该如何增加函数？

参考代码：

```
def inputNumber():
    count = 4
    numbers = []
    for i in range(count):
        numbers.append(int(input('请输入第%d个数字:' % (i + 1))))
    return numbers
```

拓展
思考

编写代码并运行

① 请编写一个函数 max3()，实现如下功能：接收三个整型或浮点型的参数，返回最大值。

② 请编写一个函数 oddo，实现如下功能：接收三个布尔型的参数，如果参数中有 1 个或者 3 个 True，则返回 True，否则返回 False。

③ 请编写一个函数 majority0，实现如下功能：接收三个布尔型的参数，如果至少两个或两个以上的参数为 True，则返回 True，否则返回 False。要求不许使用 if 语句。

④ 请编写两个函数 areTriangular0，实现如下功能：接收三个数值参数，如果三个数值可构成三角形的三条边（即任意一条边的长度小于另外两条边的和），则返回 True，否则返回 False。

⑤ 请编写两个函数 sigmoid0，实现如下功能：接收一个浮点型的参数 x，返回公式 $1/(1+e^{-x})$，计算结果的浮点值。

⑥ 请编写两个函数 lg()，实现如下功能：接收一个整型的参数 n，返回底为 2 的 n 的对数，可以使用 Python 的 math 模块。

⑦ 请编写两个函数 lg()，实现如下功能：接收一个整型的参数，返回不大于以 2 为底的 n 的对数的最大整数。不允许使用 Python 的 math 模块。

⑧ 请编写一个函数 signumo，实现如下功能：接收一个浮点型的参数 n，如果

n 小于 0，则返回-1，如果 n 等于 0，则返回 0，如果 n 大于 0，则返回+1。

⑨ 使用 lambda 函数完成判断是否闰年的问题。

⑩ 设计一个学生成绩列表，至少要有学生的姓名、成绩 1、成绩 2 三列，完成按照成绩 1 和成绩 2 的分别排序。

项目五
面向对象编程

学习
目标

- ◙ 理解面向对象编程的封装性、继承性和多态性。
- ◙ 熟练掌握类的定义，包括定义实例成员和类成员。
- ◙ 熟练掌握对象的创建与使用。
- ◙ 熟练掌握类的封装性、继承性、多态性的实现。
- ◙ 熟悉运算符重载。

- ◙ 能对简单系统进行面向对象程序的分析与设计。
- ◙ 能使用封装性、继承性、多态性进行面向对象编程。
- ◙ 能分析、解决面向对象编程中出现的问题。

素质目标
- ◎ 培养学生的规范意识、精益求精的精神。
- ◎ 培养学生的创新意识、创新精神。
- ◎ 培养学生的刻苦钻研的精神、自主学习能力。

思维
导图

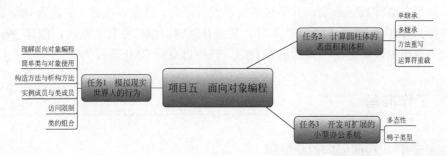

情景
导入

　　面向对象程序开发的思想模拟了人类认识客观世界的逻辑，是当前计算机软件工程学的主流方法。Python 在设计之初就是一门面向对象的语言，了解面向对象的编程思想对于学习 Python 开发至关重要。本项目学习面向对象的封装性、继承性和多态性。封装性是把抽象出的对象的数据和数据操作相结合，形成一个有机的整体，即创建了"类"。使用者不必了解类的方法和操作的具体实现细节，只需要通过外部接口，以特定的访问权限来使用类的成员。继承性就是定义的子类具有父类的各种属性和方法，而不需要再次编写相同的代码，根据实际需要可覆盖父类的原有属性和方法，使其具有与父类不同的功能。多态性通常是指同一操作作用于不同的类的实例，将产生不同的执行结果，即不同类的对象收到相同的消息时，执行完全不同的行为，得到不同的结果。多态是面向对象程序设计的重要特征之一，是扩展性在"继承"之后的又一重大表现。

任务 1
模拟现实世界人的行为

扫码看视频

 任务书

首先，编写 Person 类，其中包括的属性有姓名、性别、生日、身高及体重，包括的行为有自我介绍、计算 BMI 等，能统计创建对象的数目。其次，创建 Person 类的对象模拟现实生活中人的自我介绍、获得自身的 BMI 等行为。

工作准备

(提示 1)：理解面向对象编程

1．面向过程编程的问题分析

面向过程的程序设计就是分析问题解决的步骤，使用函数实现每步相应的功能，按照步骤的先后顺序依次调用函数。面向过程只考虑如何解决当前问题，它着眼于问题本身。以五子棋游戏为例说明面向过程的实现思路。

基于面向过程思想分析五子棋游戏，游戏开始后黑子一方先落棋，棋子落在棋盘后棋盘产生变化，棋盘更新并判断输赢：若本轮落棋的一方胜利则输出结果并结束游戏，否则白子一方落棋、棋盘更新、判断输赢，如此往复，直至分出胜负。

2．面向对象编程的问题分析

面向对象编程着眼于角色以及角色之间的联系。使用面向对象编程思想解决问题时，开发人员首先会从问题之中提炼出问题涉及的角色，将不同角色各自的特征和关系进行封装，以角色为主体，为不同角色定义不同的属性和方法，以描述角色各自的属性与行为。

基于面向对象编程分析五子棋游戏，游戏中的角色分为两个：玩家和棋盘。不同的角色负责不同的功能，例如：

① 玩家角色负责控制棋子落下的位置。

② 棋盘角色负责保存棋盘状况、绘制画面、判断输赢。

角色之间互相独立，但又相互协作，游戏的流程不再由单一的功能函数实现，而是通过调用与角色相关的方法来完成。

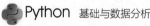

面向对象保证了功能的统一性，面向对象实现的代码更容易维护，例如，现在要加入悔棋的功能，如果使用面向过程开发，改动会涉及游戏的整个流程，输入、判断、显示这一系列步骤都需要修改，这显然非常麻烦；但如果使用面向对象开发，由于悔棋状况由棋盘角色保存，只需要为棋盘角色添加回溯功能即可。相比较而言，在面向对象的程序中，功能扩充时波及的范围更小。

3. 面向对象编程的三个特征

（1）封装性

面向对象编程的核心思想之一就是将对象的属性和行为封装为一个整体，对象的行为可以操作自身的数据，外界不能直接操作对象的属性，只能调用对象的行为，让对象本身的行为去改变自身的属性，这种操作方式更加符合现实的实际操作方式。例如，一部手机就是一个封装的对象，当使用手机拨打电话时，只需要使用它提供的键盘输入电话号码，并按下拨号键即可，而不需要知道手机内部是如何工作的。

采用封装可以使对象以外的部分不能随意存取对象内部的数据，从而有效地避免外部错误对内部数据的影响，实现错误局部化，大大降低了查找错误和解决错误的难度。此外，采用封装的原则，也可以提高程序的可维护性，因为当一个对象的内部结构或实现方法改变时，只要对象的接口没有改变，就不用改变其他部分。

（2）继承性

面向对象的程序设计中，允许通过继承原有类的特征而产生新的类，原有的类通常称为父类（或超类），产生的新类称为子类（或派生类）。子类不仅可以直接继承父类的共性，而且也可以创建它特有的特征。由一个类可以派生出任意多个子类，这样就形成了类的层次结构关系。

在软件开发过程中，继承性实现了软件模块的可重用性、独立性，缩短了开发周期，提高了软件开发的效率，同时使软件易于维护和修改。这是因为要修改或增加属性或行为，只要在相应的类中修改，它派生的所有类都自动地、隐含地相应改变。由此可见，继承是对客观世界的直接反映，通过类的继承，能够实现对问题的深入抽象描述，反映出人类认识问题的发展过程。

（3）多态性

多态性分编译时多态和运行时多态。编译时多态通过方法重载实现；运行时多态通过方法覆盖实现。通常说的多态是指运行时多态，是指同一个继承体系下不同类的对象收到相同的消息时产生多种不同的行为方式。例如：在父类"动物类型"中定义了一个行为"运动"，但不确定执行时运动的方式是什么。子类"鸟""老虎"和"鱼"都继承了动物类型的运动行为，在鸟类中具体的运动方式是飞，在老虎类中具体的运动方式是跑，在鱼类中具体的运动方式是游。这样一个运动消息发出后，鸟、老虎和鱼的对象接收到的消息是相同的，但各自执行各自的运动行为，这就是多态性的表现。

多态性结合继承性，利用方法的覆盖或者重写，在定义时利用父类调用相同的消息接口，而在执行时父类引用不同的子类对象时，执行的是该子类中重写的方法，这样就可以极大地提高程序的可扩展性和可维护性。

🐍 (提示 2)：简单类与对象使用

面向对象编程时，类和对象是非常重要的概念，类是具有相同属性和行为的所有对象的描述，类就是抽象的模板，对象是由类实例化而来的，一个类可以实例化无数个对象。在类中需要定义成员变量和成员方法，类实例化的对象都具有类中的成员变量和成员方法。

1．定义类

class　类名（父类名）：

　　　　多个类属性的定义

　　　　多个方法的定义

【语法说明】

① class 是定义类的关键字。

② 类名必须符合标识符的命名规定，类名书写时每个单词的首字母都大写，书写类名时务必养成规范意识。

③ 小括号中父类名表示子类继承的父类的名字，初学时一律写成 object，object 表示所有类最终都会继承自该类，object 是所有类的直接或间接父类。

④ 小括号后必须有冒号。

⑤ 类体部分包括定义多个类属性和多个方法，类体书写时必须要缩进。

⑥ 类属性是定义在类中而在所有方法之外的属性，类属性的定义就是定义多个变量并赋值。

⑦ 方法的定义就是函数的定义。

示例 1：定义一个人类 Person，其中包括的属性有姓名（name）、性别（gender）、年龄（age）、国家（country）等。

```
class Person(object):

name = "张三丰"

gender = "男"

age = 20

country = "中国"
```

【说明】

① Person 是类名，父类为 object。

② 定义了 name，gender，age，country 类属性。

2．创建对象并使用

基于以上定义的 Person 类模板，可以创建出 Person 类的具体对象，创建出的对象都具有类中定义的属性。可以使用创建出的对象访问类中定义的属性。

（1）定义对象

```
引用变量名 = 类名（参数列表）
```

（2）对象的使用

获取对象的属性语法格式：

```
引用变量名.属性名
```

设置对象的属性值语法格式：

```
引用变量名.属性名 = 属性值
```

在示例 1 的代码基础上创建 Person 的两个对象，并输出对象的所有属性。

```
p1 = Person()
print("姓名:%s,性别:%s,年龄:%d,国籍:%s"%(p1.name,p1.gender,p1.age,
p1.country))
  p2 = Person()
print("姓名:%s,性别:%s,年龄:%d,国籍:%s"%(p2.name,p2.gender,p2.age,
p2.country))
```

【说明】

① p1 = Person()：表示在堆内存中创建了对象，同时把该对象在堆内存中的首地址赋值给了在栈内存定义的引用变量 p1。

② 在 print()函数中的 p1.name 可以理解为访问 p1 引用对象的 name 属性。

以上代码的输出结果：

```
姓名:张三丰,性别:男,年龄:20,国籍:中国
姓名:张三丰,性别:男,年龄:20,国籍:中国
```

从以上输出结果发现，创建了两个对象，输出它们的属性时都是相同的，而现实中比如创建两个对象时，希望初始化各自不同的属性值。此时该如何实现呢？为此需要使用构造方法。

提示 3：构造方法和析构方法

1．构造方法

构造方法在创建对象时会被自动调用，可以在创建对象时初始化成员变量的值。

Python 提供默认的构造方法 __init__()，__init__()方法是可选的，如果不提供则 Python 会自动加上默认的__init__()方法，也可以重写该构造方法给成员变量赋初值。但是 Python 中构造方法只能定义一个，与 C++、Java 不同。

构造方法定义的语法格式：

```
def __init__(self,参数列表):
    方法体
```

【语法说明】

① 构造方法与函数的定义类似，需要 def 开头，方法名必须是__init__()。

② 注意该方法名，在 init 前后都有两个下画线。

③ __init__()方法的第一个参数必须是 self。

④ 参数列表与函数定义形参时相同，仍然可以使用默认参数、可变参数、关键字参数和命名关键字参数。

⑤ 构造方法只能定义一个，千万不能与 Java、C++等其他面向对象的编程语言相混淆。

⑥ 方法体主要功能是把形参变量赋给实例变量。

示例 2：在示例 1 的基础上增加一个构造方法，并测试构造方法在创建对象时会被自动调用。

```
class Person(object):
    name = "张三丰"
    gender = "男"
    age = 20
    country = "中国"
    def __init__(self):
        print("构造方法被执行")
p1 = Person()
```

执行结果：

```
构造方法被执行
```

【说明】

① 在 Person 中重写了构造方法 __init__()。

② 构造方法与普通函数不同，该方法的第一个参数必须是 self。

③ 在定义完类之后，创建了一个对象，此时 Python 解释器会自动调用构造方法执行。

示例 3：在示例 2 的基础上再增加一个含有多个参数的构造方法，然后再调用构造函数创建对象。

```
class Person(object):
    name = "张三丰"
    gender = "男"
    age = 20
    country = "中国"

    def __init__(self):
        print("构造方法被执行")

    def __init__(self,name,gender,age):
        print("构造方法被执行")
p1 = Person()
```

执行结果报错为：

```
TypeError: __init__() missing 3 required positional arguments:
'name', 'gender', and 'age'
```

【说明】

① Python 中只需要定义一个构造方法即可，原因是其他面向对象语言中可以定义重载的多个构造方法从而实现不同参数的赋值，而 Python 中直接可以使用默认值参数、可变参数等函数达到给不同参数赋值的功能。

② 如果把创建的语句改成 p1 = Person("张三丰","男",20)，此时执行不会报错。说明在一个类中可以定义多个__init__()构造方法，但是只有最后一个构造方法有效。所以通常 Python 类中只定义一个构造方法。

2. 析构方法

对象是有生命周期的，从创建开始直到最后对象被释放而销毁。当对象在内存中被释放时，Python 解释器会自动触发析构方法执行。Python 默认提供__del(self)__()析构方法。通常此方法一般无需定义，因为 Python 是一门高级语言，程序员在使用时无需关心内存的分配和释放，如果定义该析构方法，通常可以做善后处理工作，比如打开的文件需要在这里关闭，打开的数据库连接需要在这里关闭等。

Python 中提供垃圾自动回收机制，如果一个对象不再被使用，没有变量引用则该对象成为垃圾。Python 使用垃圾回收机制来清理不再使用的对象。Python 提供 gc 模块释放不再使用的对象，Python 采用"引用计数"的算法来处理回收，即当某个对象在其作用域内不再被其他对象引用时，Python 就自动清除该对象。Python 的函数 collect()可以一次性收集所有待处理的对象，比如 gc.collect()。

析构函数的语法格式：

```
def __del__(self):
    方法体
```

示例4：在示例 2 的基础上增加析构方法，然后测试该析构方法在什么时候执行。

```
class Person(object):
    name = "张三丰"
    gender = "男"
    age = 20
    country = "中国"
    # 定义构造方法
    def __init__(self):
        print("构造方法被执行")
    #定义析构方法
    def __del__(self):
        print("析构方法被执行")
p1 = Person()
```

执行结果：

```
构造方法被执行
析构方法被执行
```

【说明】

① 执行最后一句时，创建了对象，所以会调用构造方法执行，进而输出"构造方法被执行"。当最后一句执行完成时，相当于整个程序执行结束，所以此前创建的对象会被 Python 解释器释放掉，所以此时会执行析构方法，进而输出"析构方法被执行"。

② 如果把最后的代码改成如下格式，也就是在创建对象后程序进入了死循环执行，所以程序一直没有结束，因此对象就没有被释放，故执行结果中没有打印"析构方法被执行"。

```
p1 = Person()
while True:
    pass
```

执行结果：

构造方法被执行

③ 如果把最后的代码改成如下格式，把引用变量的值设置为 None，表示此时创建出的对象没有变量引用，则该对象变成垃圾，虽然程序没有结束，此时该对象被自动垃圾回收机制回收，所以析构方法被执行了。

```
p1 = Person()
p1 = None
while True:
    pass
```

执行结果：

构造方法被执行
析构方法被执行

④ 如果把最后的代码改成如下格式，使用 del 主动删除 p1 引用的对象，此时析构方法被执行。

```
p1 = Person()
del p1
while True:
    pass
```

执行结果：

构造方法被执行
析构方法被执行

提示 4：实例成员和类成员

类是用来描述具有相同的属性和方法的对象的集合。它定义了该集合中每个对象所共有的属性和方法。比如所有的人对象都有 name、gender、age 共同的属性，但是所有的人的 name、gender、age 的值可能都不同，所以我们把这样的属性称为实例属性。所有的人都有 eat()、run()等共同的方法，但是每个人吃饭和运动的方式可能各自不同，所以我们把这样的方法称为实例方法。在定义类时，把实例属性和实例方法统称为实例成员。另外，假设我们在此规定所有的人都是中国人，因此每个人的国籍都一样，都是中国，那么如果把国籍这个属性定义为实例属性，这时每个人对象都要有一个变量来存放这个具有相同值的属性，既然所有人对象该属性的值都相同，就可以把国籍属性提升为类这个层次的属性，即类属性。所有的人对象都共享类中的类属性。同样如果存在所有人都有的相同的方法，就可以把该方法提升为类方法，在类的定义时，把类属性和类方法统称为类成员。

1. 实例成员

Python 中，在类的定义时，实例变量的定义就是在构造方法中用 self 修饰的变量。实例变量也可以使用实例动态绑定。

在构造方法中定义实例变量的语法格式：

```
def __init__(self,name,gender,age):
    self.name = name
    self.gender = gender
    self.age = age
```

【说明】

① 每个实例都有的实例变量一定是在构造方法中定义的,如果实例变量只属于某个实例，则可以动态地给实例绑定实例变量。

② self.name 中的 name 就是实例变量，self.gender 中的 gender 也是实例变量，self.age 中的 age 也是实例变量。

示例 5：在示例 2 的基础上，修改 Person 类，把 name、gender、age 定义为实例变量。

```
class Person(object):
    country = "中国"
    # 定义构造方法
    def __init__(self,name,gender,age):
        self.name = name
        self.gender = gender
        self.age = age


p1 = Person("张三","男",20)
p2 = Person("李四","女",18)
print(p1.name,p1.gender,p1.age)
print(p2.name,p2.gender,p2.age)
```

执行结果：

```
张三 男 20
李四 女 18
```

【说明】

① name、gender、age 三个变量应该定义为实例变量，因为每个 Person 类的实

例对象都应该有各自的 name、gender、age。

② 实例变量的定义赋值给构造方法中使用 self 引用的变量。

③ 使用析构函数创建对象时,可以给每个对象赋上不同的初值,与类变量不同。

④ 实例变量由实例变量来访问,不能由类名来访问,比如 Person.name 就会报错。

（1）动态给实例增加实例变量

由于 Python 是动态语言,因此可以给实例动态增加实例变量,但是给每个实例增加的实例变量不会对其他的实例产生作用。

以下代码在示例 5 的基础上,给 p1 引用的对象动态增加了 weight 实例变量,接着使用 p1 和 p2 访问 weight 实例变量。

```
p1.weight = 100 #给 p1 引用的对象动态增加 weight 实例变量,只对当前对象有作用
print(p1.weight)
print(p2.weight) #使用 p2 访问 weight 时会报错
```

执行结果:

```
100
print(p2.weight) #使用 p2 访问 weight 时会报错
AttributeError: 'Person' object has no attribute 'weight'
```

【说明】

① 动态给 p1 引用的对象增加了实例变量。

② 动态给 p1 增加的实例变量不会对其他的实例起作用,因此使用 p2 访问 weight 时报错。

dir()方法可以用来获得一个对象的所有属性和方法,它的返回值是一个包含字符串的 list,这个 list 中包含了该对象的所有属性和方法。

比如执行以下代码:

```
print(dir(p1))
print(dir(p2))
```

输出结果:

```
['__class__', '__delattr__', '__dict__', '__dir__', '__doc__',
'__eq__', '__format__', '__ge__', '__getattribute__', '__gt__',
'__hash__', '__init__', '__init_subclass__', '__le__', '__lt__',
'__module__', '__ne__', '__new__', '__reduce__', '__reduce_ex__',
'__repr__', '__setattr__', '__sizeof__', '__str__', '__subclass-
shook__', '__weakref__', 'age', 'country', 'gender', 'name',
```

```
'weight']
  ['__class__', '__delattr__', '__dict__', '__dir__', '__doc__',
'__eq__', '__format__', '__ge__', '__getattribute__', '__gt__',
'__hash__', '__init__', '__init_subclass__', '__le__', '__lt__',
'__module__', '__ne__', '__new__', '__reduce__', '__reduce_ex__',
'__repr__', '__setattr__', '__sizeof__', '__str__', '__subclass-
shook__', '__weakref__', 'age', 'country', 'gender', 'name']
```

输出结果中，p1 实例中有 weight 实例变量，p2 中没有 weight 实例变量。

（2）在类中定义实例方法

对象是由属性和方法封装而成的，对象中数据的变化应该是由对象自身的方法或行为而导致的。为此在定义类时，定义了实例变量，也应该把对实例变量的操作封装成实例方法，在外界只能操作对象的方法，不应该直接操作对象的数据。面向对象的封装性就是把数据和对数据的操作封装在一起，在外界只能使用对象调用封装好的方法去操作自身的数据。

实例方法定义的格式：

```
def 方法名（self，参数列表）：
    方法体
```

【语法说明】

① 实例方法定义时，第一个参数必须是 self，其他和普通函数的定义一样。

② 在实例方法中可以通过 self 访问实例变量。

③ 实例方法的调用，需要使用实例调用，除了 self 不用传递，其他参数正常传入。

示例 6：在示例 5 的基础上增加自我介绍的实例方法，方法名为 introduce。

```
class Person(object):
    country = "中国"
    # 定义构造方法
    def __init__(self,name,gender,age):
        self.name = name
        self.gender = gender
        self.age = age
    def introduce(self):
        print("我的姓名:%s,我的性别:%s,年龄:%d"%(self.name,self.gender,
self.age))
```

```
p1 = Person("张三","男",20)
p1.introduce()
```

执行结果：

```
我的姓名:张三,我的性别:男,年龄:20
```

【说明】

① 在 Person 类中定义了 introduce()实例方法，在该实例方法中打印输出了该实例的实例变量。

② 调用 Person 的构造函数创建了对象，并由 p1 引用了该对象，再使用 p1 调用了 introduce()实例方法。在创建对象时，p1 对象初始化了相应的实例变量，然后p1 对象执行 introduce（）方法时输出了自身的信息。

（3）动态给实例增加实例方法

Python 是动态编程语言，可以动态给某个实例添加实例变量，也可以动态给实例添加实例方法，实例代码如下。

```
p1 = Person("张三","男",20)
p1.introduce()
from types import MethodType
def run(self):
    print("%s is running"%self.name)
p1.run = MethodType(run,p1)    #动态给 p1 增加实例方法
p1.run()
```

执行结果：

```
我的姓名:张三,我的性别:男,我的年龄:20
张三 is running
```

（4）self

在构造方法和实例方法定义时，第一个参数都必须使用 self，其实该参数的名字也可以是其他名字，但是 self 更能表示出该参数所起的作用，同时重要的是第一个参数位置。那 self 究竟表示什么含义呢？ 在定义类中的构造方法时，由于此时还没有对象，但是在构造方法中需要给将来通过该构造方法创建的对象的实例属性赋初值，因此使用 self 表示将来创建的对象，一旦将来使用该构造方法创建对象，self就会引用创建的对象。所有的实例方法在将来都要由实例来调用，但是在定义实例方法时也没有对象存在，因此第一个参数也要是 self，将来一旦哪个对象调用了该方法，则 self 就表示调用了该方法的对象。

示例 7: 定义 Person 类，在构造方法及实例方法中打印 self 引用对象的 id 变量。

```
class Person(object):
    def __init__(self,name,sex,age):
        self.name = name
        self.sex = sex
        self.age = age
        print(id(self))
    def intrdouce(self):
        print(id(self))
    def eat(self):
        print(self)
p = Person("张三","男",20)    #创建对象时会调用构造方法,因此 self 就引用了 p
所引用的对象。在构造方法中会打印对象的 id
    print(id(p))                      #再次打印 p 所引用的对象的 id,该行打印的 id 与创建
对象时打印的 id 应该是相同的
    p.intrdouce()                     #在该方法中同样打印了 self 所引用的对象 id, 此时
id 的值也就是 p 所引用对象的 id
```

执行结果:

```
2485195934464
2485195934464
2485195934464
```

【说明】

① 在创建对象时,构造方法中的 self 就引用了创建的对象 p。

② p 调用实例方法时,self 就引用了 p 对象。

③ self 就是表示将来创建的对象,将来哪个对象调用实例方法,self 就是那个对象。

2. 类成员

对于实例来说,有实例变量和实例方法。同样对于类来说,有类变量和类方法。类变量和类方法统称为类成员,类成员通常由类名来访问。类变量是属于类的变量,所有的实例可以共享类变量。类方法可以访问类变量,但是不能访问实例成员。

(1)在类中定义类变量

示例 8:在 Person 类中定义 country 类变量,在 introduce()实例方法中访问类变量。

```
class Person(object):
    country = "中国"  #类变量
```

```
    def  __init__(self,name,gender,age):
        self.name = name
        self.gender = gender
        self.age = age
    def  introduce(self):
        print("我的姓名:%s,我的性别:%s,我的年龄:%d"%(self.name,self.
gender,self.age))
        print("我的国籍:%s"%Person.country) #在实例方法中访问类变量
print(Person.country)   #由类名访问类变量
p1 = Person("张三","男",20)
p2 = Person("李四","女",18)
print(p1.country)    #由实例访问类变量,所有的实例共享类变量
print(p2.country)
p1.introduce()
p2.introduce()
```

执行结果:

```
中国
中国
中国
我的姓名:张三,我的性别:男,我的年龄:20
我的国籍:中国
我的姓名:李四,我的性别:女,我的年龄:18
我的国籍:中国
```

【说明】

① country 定义在类的内部,但是定义在所有方法之外,所以该属性为类型。

② 在实例方法 introduce()方法中访问类属性时使用类名.类属性名。

③ 类属性通常由类名来访问,但是也可以由所有的实例来访问。但是由类属性访问更加合适。

示例 9：编写 Person 类,该类能够统计出创建该类的实例的个数。

分析：由于需要统计该类创建的实例的个数,所以需要定义一个类变量用于计数,当调用析构函数创建实例时,在析构方法中把计数变量加 1。该计数变量应该属于类层次,不应该属于实例层次。

```
class Person(object):
    count = 0  #使用该类变量来计数创建的实例个数
```

```
    #创建实例时必然执行析构方法，所以在析构方法中对 count 加 1
    def __init__(self,name,gender,age):
        self.name = name
        self.gender = gender
        self.age = age
        Person.count += 1
print(Person.count)  #没有创建实例时计数为 0
p1 = Person("张三","男",20)
p2 = Person("李四","女",18)
print(Person.count) #此前已经创建了两个实例，所以计数为 2
```

执行结果：

```
0
2
```

（2）动态绑定类变量

通过类名可以动态绑定类变量，绑定的类变量可以供所有的实例共享。

```
class Person(object):
    pass
p1 = Person()
p2 = Person()
Person.name = "zhangsan" #动态给类绑定类属性,导致已经创建的实例中都可以共
享访问该类属性
print(p1.name)            #类属性可以由所有实例访问
print(p2.name)            #类属性可以由所有实例访问
```

执行结果：

```
zhangsan
zhangsan
```

如果在以上程序中，修改类属性的值，则类的类属性值变化，当然通过实例访问该类属性时值也发生了变化。

```
Person.name = "lisi"      #修改类属性的值
print(Person.name)
print(p1.name)
```

执行结果：

```
lisi
lisi
```

如果通过实例修改 name 属性的值，发现使用该实例访问时 name 的值发生了变化，但是实例对应的类中 name 的属性值没有发生变化。

```
p1.name = "wangwu"      #通过 p1 实例修改 name 的值
print(p1.name)          #p1 实例的 name 值确实发生了变化
print(Person.name)      #Person 中的 name 值没有发生变化
```

执行结果：

```
wangwu
lisi
```

通过以上程序发现类的属性没有改变，而实例的属性则修改成功了。这是为什么呢？其实这里的情况非常类似于局部作用域和全局作用域。在函数内部访问变量时，会先在函数内部查找有没有这个变量，如果没有，就到外层中去找。这里的情况是在实例中访问一个属性，但是实例中没有，就试图去创建的类中寻找有没有这个属性。找到了就有，没找到就抛出异常。而当试图用实例去修改一个在类中不可变的属性时，实际上并没有修改，而是在实例中动态创建了这个属性，而当再次访问这个属性时，实例中有就不用去类中寻找。

以上程序对 p1 实例删除了动态创建的 name 属性，则再次访问 name 时，实际上又是访问的类属性 name。

通常如果动态增加的实例属性的名字和类属性的名字同名时，就会产生歧义，究竟是访问的实例属性还是访问的类属性。因此，动态增加实例属性时名字不能和类属性同名。

（3）在类中定义类方法

定义类方法则是在普通方法前加上@classmethod。类方法中有一个参数 cls 表示该方法所在的类名。类方法可以访问该类的类成员，不能访问类的实例成员。类方法通常由类名来调用。

```
class Person(object):
    count = 0
    def __init__(self):
        Person.count += 1
    #以下是定义类方法,需要使用@classmethod
    @classmethod
    def getCount(cls):  #cls:表示类名
```

```
        return cls.count
print(Person.getCount())     #类方法通常由类名调用
p1 = Person()
print(Person.getCount())
```

执行结果：

```
0
1
```

【说明】实例成员与类成员的区别：

① 实例变量在构造方法中使用 self 实例变量定义。类变量在类中而在所有方法之外定义。

② 实例变量随着实例的产生而产生。类变量随着类对象而产生。

③ 有多少个实例就有多少份实例的实例变量。类变量只有一份，可以供所有实例访问。

④ 实例成员只能由实例来访问。类成员由类名来访问，也可以由实例来访问，但是由类来访问更合理。

⑤ 实例方法可以访问实例成员，也可以访问类成员。类方法只能访问类成员。

⌨ 提示 5 ：访问限制

类是数据和数据操作的封装，数据的改变应该通过自身的行为来改变。但是如果在类外面的程序可以随意修改一个类的数据即成员变量，则会造成不可预料的程序错误，就像一个人的身高，不能被外部随意修改，只能通过各种摄取营养的方法去修改这个属性。再有揠苗助长的故事，苗的生长是要吸取水分和营养后导致苗长高的，而不是人为地将苗拔高，这是不符合自然规律的。因此，在定义类时，要把类的成员变量定义成私有的，然后定义公开的方法给外界去访问，从而实现外界只能访问方法，由方法去改变类自身的数据，此种做法就是类的封装性的体现。

1. 定义私有的成员变量

在 Python 中，实例变量的名称前加上两个下画线__，该成员变量就变成了一个私有变量（private），只有在类的内部可以访问，外部不能访问。

示例 10：定义 Person 类，把 name、gender、age 实例变量定义成私有变量。

```
class Person(object):
    def __init__(self, name, gender, age):
        self.__name = name      #__name  私有实例变量
        self.__gender = gender  #__gender  私有实例变量
```

```
        self.__age = age        #__age        私有实例变量
    def  introduce(self):    #私有的实例变量可以在类内部的方法中访问，不能在
类外面直接访问
        print("我的姓名:%s,我的性别:%s,我的年龄:%d" % (self.__name,
self.__gender, self.__age))
    p1 = Person("张三","男",20)
    print(p1.__name)  #此行代码报错，因为__name 为私有的，不能在类的外面访问
```

异常信息：

```
AttributeError: 'Person' object has no attribute '__name'
```

对以上案例中创建的 p1 对象使用 dir()查看其中的所有变量和方法名如下。

['_Person__age', '_Person__gender', '_Person__name', '__class__', '__delattr__', '__dict__', '__dir__', '__doc__', '__eq__', '__format__', '__ge__', '__getattribute__', '__gt__', '__hash__', '__init__', '__init_subclass__', '__le__', '__lt__', '__module__', '__ne__', '__new__', '__reduce__', '__reduce_ex__', '__repr__', '__setattr__', '__sizeof__', '__str__', '__subclasshook__', '__weakref__', 'introduce']

根据以上结果发现，在类中定义的__name、__gender、__age 三个私有实例变量，变成了_Person__name, _Person__gender, _Person__age。其实是因为 Python 解释器把私有变量解释成"_类名__实例变量名"格式，因此如果在外界需要直接访问私有成员变量时，还是可以通过"实例名._类名__实例变量名"这种方式访问，但是强烈建议不要这么做，因为不同版本的 Python 解释器可能会把私有变量改成不同的格式的变量名。

对以上案例增加如下代码：

```
p1 = Person("张三","男",20)
p1.__age = 30        #竟然没有错，什么原因？？
print(p1.__age)
```

【说明】以上代码中 p1.__age = 30 竟然没有出错，什么原因？

表面上看，外部代码"成功"地设置了__age 变量，但实际上这个__age 变量和 Person 内部的__age 变量已经不是一个变量了！内部的__age 变量已经被 Python 解释器自动改成了_Person__age，而外部代码给 p1 新增了一个__age 变量，这是动态语言的特征。可以使用 dir()查看对象中的所有成员。

在 Python 中的_xxx 变量（一个下画线），这样的实例变量不可以直接访问。但是，按照约定俗成的规定，当看到这样的变量时，意思是虽然我可以被外部直接访问，但是请把我视为私有变量，不要在外部随意访问。在 Python 中，变量名类似

__xxx__（两个下画线开头，两个下画线结束），属于特殊成员，特殊成员是可以直接访问的，不是私有成员。

2．定义公开的实例方法

既然实例变量变成了私有的，则可以定义公开的方法供外界去访问，在定义方法时还可以添加相应的逻辑控制，使得不符合要求的数据不能赋值给相应的私有成员变量，这也是类的封装性的体现。

类的封装性就是在类定义时，把所有的属性都定义成私有的，然后定义公开的方法 setXxx()和 getXxx()供外界去访问，在定义方法时加上逻辑控制，使得该方法符合实际的要求。

示例 11：在示例 10 的基础上定义相应的公开的方法，同时在方法中加上逻辑控制。

```python
class Person(object):
    def __init__(self, name, gender, age):
        self.__name = name       #__name  私有实例变量
        self.__gender = gender  #__gender  私有实例变量
        self.__age = age         #__age     私有实例变量
    #通常对所有的变量定义 setXxx()方法用于修改值，在修改时可以适当加上逻辑控制
    def setAge(self,age):
        if(age>0 and age <=120):
            self.__age = age
        age = 1
    # 通常对所有的变量定义 getXxx()方法用于获取值
    def getAge(self):
        return self.__age
p1 = Person("张三","男",20)
print(p1.getAge())        #打印获取到的 age
p1.setAge(30)             #重新设置 age
print(p1.getAge())        #打印获取到的 age
```

执行结果：

```
20
30
```

3．定义私有的实例方法

类中的方法有公有方法，可以在外界通过实例来调用，也有私有方法，私有方法只能在当前类中的方法中使用 self.方法名来调用。私有方法的方法名必须以两个

下画线(__)开头。

示例 12：定义 Person 类，在类中增加私有方法。

```
class Person(object):
    def __init__(self, name, gender, age):
        self.__name = name
        self.__gender = gender
        self.__age = age
    #定义私有方法
    def __sleep(self):
        print("睡觉")
    #定义私有方法
    def __getUp(self):
        print("起床")
    #休息    公有方法
    def rest(self):
        self.__sleep()
        self.__getUp()
p = Person("张三","男",20)
#p.__sleep()            #不能直接调用私有的方法
p._Person__sleep()    #Python解释器把私有方法解释为_类名__方法名()
```

【说明】

① 私有方法在外界不能通过实例直接调用。

② 对应私有方法，Python 解释器解释为_类名__方法名（），因此可以使用实例名调用。但不建议使用此方式调用。

4. @property 属性装饰器

想要用访问私有属性的方式访问普通属性，需要使用@property 注解。可以让你对受限制访问的属性使用点语法。

在示例 11 中，使用@property 属性装饰器，实现读写属性时可以使用点语法。

```
class Person(object):
    def __init__(self, name, gender, age):
        self.__name = name      #__name  私有实例变量
        self.__gender = gender  #__gender  私有实例变量
        self.__age = age        #__age      私有实例变量
    #方法名为受限制的变量,去掉双下画线,相当于getXxx()
```

```
    @property
    def age(self):
        return self.__age
    # 方法名为受限制的变量，去掉双下画线,相当于setXxx()
    @age.setter
    def age(self,age):
        if(age>0 and age <=120):
            self.__age = age
        else:
            self.__age = 1
p1 = Person("张三","男",20)
p1.age = -10    #执行p1.age(-10)
print(p1.age)   #执行p1.age()
```

执行结果：

```
1
```

【说明】必须先写读取属性的装饰器，再写修改属性的装饰器。

提示 6 ：类的组合

客观世界中的对象可能是由许多的对象组装而成的，所以在定义类时，类中可以组合使用其他的类。组合指的是类与类之间的关系，是一种什么"有"什么的关系，在一个类中以另一个类的对象作为数据属性，称为类的组合。

示例 13：首先定义一个 Date 类，表示日期类；然后再定义 Person 类，在 Person 类中定义一个生日实例成员，此实例成员的类型应该是 Date 类型。

```
class Date(object):
    def __init__(self,year,month,day):
        self.__year = year
        self.__month = month
        self.__day = day
    def __str__(self):    #该方法返回对象的字符串描述
        return str(self.__year)+" 年 "+str(self.__month)+" 月 "+str
(self.__day)+"日"
    class Person(object):
        def __init__(self, name, gender, birthday):
```

```
        self.__name = name        #__name 私有实例变量
        self.__gender = gender     #__gender 私有实例变量
        self.__birthday = birthday        #__birthday 私有实例变量
    #方法名为受限制的变量去掉双下画线,相当于getXxx()
    @property
    def birthday(self):
        return self.__birthday
    # 方法名为受限制的变量去掉双下画线,相当于setXxx()
    @birthday.setter
    def birthday(self,birthday):
        self.__birthday = birthday
    def __str__(self):
        return self.__name +":"+self.__gender+":"+str(self.__birthday)
birthday = Date(2000,10,10)          #创建 Date 的对象 birthday
p1 = Person("张三","男",birthday)    #创建 p1 对象, p1 对象中使用了 birthday
对象, 此为对象的组合
print(p1)                    #打印 p1 时, 实际上相当于执行了 str(p1)
```

执行结果:

张三:男:2000 年 10 月 10 日

【说明】

① Person 类中有 Date 类型的生日属性,所以说 Person 类中组合了 Date 类。

② 创建 Person 对象之前,首先要创建 Date 对象。Person 的对象中组合了 Date 的对象。

 工作实施

1. 创建 Date 类,其中包含私有成员变量年、月、日,包含的方法:构造方法、setXxx()、getXxx()、__str__(self)等方法。

```
class Date(object):
    def __init__(self,year,month,day):
        self.__year = year
        self.__month = month
        self.__day = day
    @property
```

```
    def  year(self):
        return self.__year
    @year.setter
    def  year(self,year):
        self.__year = year
    def  getMonth(self):
        return self.__month
    def  setMonth(self,month):
        self.__month = month
    def  __str__(self):
        return str(self.__year)+"年"+str(self.__month)+"月"+str(self.__day)+"日"
  if __name__ == "__main__":
    birthday = Date(2000,10,10)
    print(birthday)
```

2. 创建 Person 类，其中包括私有属性姓名、性别、生日、身高、体重，其中包含的公开方法有构造方法、自我介绍的方法、计算 bmi 的方法、__str__()等方法。

```
    class Person(object):
        __count = 0
        def  __init__(self,name,gender,birthday,height,weight):
            self.__name = name
            self.__gender = gender
            self.__birthday = birthday
            self.__height = height
            self.__weight = weight
            Person.__count += 1
        def  instroduce(self):
            print("我的姓名:%s,我的性别:%s,我的生日:%s"%(self.__name,self.__gender,self.__birthday))
        def  __str__(self):
            return "我的姓名:%s,我的性别:%s,我的生日:%s"%(self.__name,self.__gender,self.__birthday)
        @classmethod
        def  getCount(cls):
```

```
            return cls.__count
    def  bmi(self):
        s = ""
        re = self.__weight / (self.__height ** 2)
        if  re < 18.5:
            s = "过轻"
        elif  re < 24:
            s = "正常"
        elif  re < 27:
            s = "过重"
        elif  re < 32:
            s = "肥胖"
        else:
            s = "非常肥胖"
        return s
if  __name__ == "__main__":
    birthday = Date(2000,10,10)
    person = Person("张胜男","女",birthday,1.6,40)
    person.instroduce()
    print(person.bmi())
    print(person)
    print(Person.getCount())
```

任务 2
计算圆柱体的表面积和体积

扫码看视频

 任务书

　　编写 Point 类，其中包含 x，y 两个坐标属性，包含构造方法、__str__()、求面积的方法；

　　编写 Circle 类继承 Point 类作为圆的圆心，增加半径属性，包含构造方法、__str__()、求面积的方法、求周长的方法；

编写 Cylinder 类继承 Circle 类作为圆柱体的上下底，增加高属性，包含构造方法、__str__()、求表面积的方法、求体积的方法。

 ## 工作准备

提示 1：单继承

"龙生龙，凤生凤，老鼠的儿子会打洞"，这句话将动物世界中的继承关系表现得淋漓尽致。继承指的是类与类之间的关系，是一种什么"是"什么的关系。继承的功能之一就是用来解决代码重用问题，只需要定义一个父类，但是可以定义许多子类，许多子类直接把父类中已有的属性和行为直接继承下来，从而大大提高了代码的重用性。

继承是一种创建新类的方式，在 Python 中新建的类可以继承一个或多个父类，父类可称为基类或者超类，新建的类称为派生类或子类。子类继承了父类的属性和方法，同时可以在子类中增加本身所特有的属性和方法。

单继承是指子类只能有一个父类。在定义子类时，子类直接继承了父类所有的公有成员。在子类中重载构造方法时可以通过 super() 来调用父类的构造函数，给从父类继承过来的属性赋初值，也可以通过父类名来调用父类的构造函数。

定义子类：

```
class  类名(父类名):
       类体
```

示例 1：定义一个 Student 类继承 Person 类，在 Student 类中增加 stuId（学号）、sccore（成绩）两个属性，增加重写父类中的 introduce() 方法。

父类定义如下：

```
class Person(object):
    def __init__(self,name,gender,age):
        self.__name = name
        self.__gender = gender
        self.__age = age
    def introduce(self):
        print("自我介绍: ")
        print("我的姓名: "+self.__name)
        print("我的性别: "+self.__gender)
        print("我的年龄: "+str(self.__age))
```

子类定义如下：

（1）子类构造函数中调用父类的构造函数

```
class Student(Person):
    def __init__(self,name,gender,age,stuId,score):
        #方法1：通过super(类名,self).__init__()调用父类构造函数，给从父类
继承过来的属性赋初值
        # super(Student, self).__init__(name, gender, age)
        #方法2：通过父类名调用父类的构造函数，经典做法
        #Person.__init__(self,name,gender,age)
        #方法3：通过super()调用父类的构造函数
        super().__init__(name,gender,age)
        self.__stuId = stuId
        self.__score = score
```

在子类构造函数中除了给自身新增的属性赋初值，还要给从父类继承过来的属性赋初值。因此需要在子类构造函数中调用父类的构造函数，调用父类的构造函数有三种方法：

方法1：通过 super(子类名，self).__init__(参数列表)。

例如：super(Student, self).__init__(name, gender, age)

方法2：通过父类名调用父类的构造函数，经典做法。

例如：Person.__init__(self,name,gender,age)。

方法3：通过 super()调用父类的构造函数。

例如：super().__init__(name,gender,age)

【说明】

① 如果子类没有定义构造方法，则继承了父类的构造方法。一个类中只有一个构造方法。

② 如果在子类中自定义构造方法，则不会继续父类的构造方法。 此时需要主动调用父类的构造方法，来给从父类中继承的属性进行初始化。

③ 私有的成员不能直接继承在子类中使用，公开的成员可以直接继承在子类中使用。对于父类中私有的成员如果要在子类中使用，则需要定义公开的方法让子类继承。

（2）子类中覆盖或重写父类的方法

在子类中自动继承父类中的公有方法，但是可以在子类中重写与父类同名的方法，此时称为方法的覆盖或者重写。

调用父类中被重写的方法有三种方法：

方法1：super（子类名，self）.父类方法名()。

方法2：父类名.父类方法名（self）。

方法3：super().父类同名方法名（）。

```python
class Student(Person):
    def __init__(self,name,gender,age,stuId,score):
        #方法1：通过super(类名,self).__init__()调用父类构造函数，给从父类
继承过来的属性赋初值
        # super(Student, self).__init__(name, gender, age)
        #方法2：通过父类名调用父类的构造函数，经典做法
        #Person.__init__(self,name,gender,age)
        #方法3：通过super()调用父类的构造函数
        super().__init__(name,gender,age)
        self.__stuId = stuId
        self.__score = score
    #方法的覆盖或者重写，是指在子类中存在与父类同名的方法
def introduce(self):
    #调用父类中被覆盖的方法有以下三种方法：
    # 方法1：super(子类名, self).父类方法名()
    super(Student, self).introduce()
    #方法2：父类名.父类方法名（self）
    #Person.introduce(self)
    # 方法3：super().父类同名方法名（）
    # super().introduce()
    print("我的学号:"+self.__stuId)
    print("我的成绩:"+str(self.__score))
```

【说明】

在类中不能存在多个同名的方法，Python中没有方法重载的概念。方法的参数没有声明类型（调用时确定参数的类型），参数的数量也可以由可变参数控制。因此，Python中没有方法的重载。定义一个方法可有多种调用方式，相当于实现了其他语言中的方法的重载。

🔧 (提示 2)：多继承

多继承是指子类同时继承多个父类。如果超类中存在同名的属性或方法，Python按照从左到右的顺序在超类中搜索方法。

示例 2：定义 Add 类、Sub 类，定义 Calculator 子类继承 Add 类和 Sub 类。

```
class Add(object):
    def __init__(self, x):
        self.x = x
    def sum(self, a, b):
        return a + b
    def say(self):
        print("in add")
class Sub(object):
    def __init__(self, y):
        self.y = y
    def sub(self, a, b):
        return a - b
    def say(self):
        print("in sub")
    #多继承：在小括号中依次写入父类
class Calculator(Add, Sub):
    def __init__(self, x, y):
        #多继承调用每一个父类的__init__方法
        Add.__init__(self, x)
        Sub.__init__(self, y)
cal = Calculator(1, 2)
print(cal.x)
print(cal.y)
# 父类中的方法名相同，默认调用的是在括号中排名靠前的父类中的方法
cal.say()
```

提示 3：运算符重载

运算符重载是通过实现特定的方法使类的实例对象支持 Python 的各种内容操作。表 5-1 列出了部分运算符重载方法。重载运算符就是在类中定义相应的方法，当使用实例对象执行相关运算时，则调用对应方法。

加法运算符通过实现__add__方法来完成重载，当两个实例对象执行加法运算时，自动调用该方法，以下案例实现了加法运算符重载，另外以下案例还实现了对__str__方法的重载。

表 5-1　部分运算符重载方法

方法	说明	何时调用方法
__add__	加法运算	对象加法：x+y、x+=y
__sub__	减法运算	对象减法：x-y、x-=y
__mul__	乘法运算	对象乘法：x*y、x*=y
__div__	除法运算	对象除法：x/y、x/=y
__mod__	求余运算	对象求余：x%y、x%=y
__bool__	真值测试	测试对象是否为真值：bool(x)
__repr__ 、 __str__	打印、转换	print(x)、repr(x)、str(x)
__contains__	成员测试	item in x
__getitem__	索引、分片	x[i]、x[i:j]、没有__iter__的 for 循环
__setitem__	索引赋值	x[i]=值、x[i:j]=序列对象
__delitem__	索引和分片删除	del x[i]　　del x[i:j]
__len__	求长度	len(x)
__iter__ 、 __next__	迭代	iter(x)、next(x)、for 循环等
__eq__ 、 __ne__	相等测试、不等测试	x==y、x!=y
__ge__ 、 __gt__	大于等于、大于测试	x>=y、x>y
__le__ 、 __lt__	小于等于、小于测试	x<=y、x<y

示例 3：定义 Point 类，实现两个点相加。

```python
class Point(object):
    def __init__(self,x,y):
        self.x = x
        self.y = y
    #重载 加法
    def __add__(self, other):
        print("__add__()")
        self.x = self.x + other.x
        self.y = self.y + other.y
        return self
    #重载 转换为字符串
    def __str__(self):
        print("__str()__")
        return "("+str(self.x)+","+str(self.y)+")"
p1 = Point(1,2)
p2 = Point(1,2)
```

```
p3 = p1 + p2   #此时会调用p3 = p1.__add__(p2)
print(p3)      #此时会调用p3.__str__()
```

📠 **工作实施**

① 创建 Point，其中包含属性 x、y，表示点的坐标。包含构造方法、求面积的方法、__str__()。

```
class Point(object):
    def __init__(self,x,y):
        self.__x = x
        self.__y = y
    def getX(self):
        return self.__x
    def setX(self,x):
        self.__x = x
    def setY(self,y):
        self.__y = y
    def getY(self):
        return self.__y
    def area(self):
        return 0
    # 重写该方法，在执行 print(),str()时，会默认调用该方法执行
    def __str__(self):
        return "("+str(self.__x)+","+str(self.__y)+")"
```

② 创建 Circle 类继承 Point，增加属性 radius，表示圆的半径。重写求面积的方法、__str__()，增加求周长的方法。

```
import math
class Circle(Point):
    def __init__(self,x,y,radius):
        super().__init__(x,y)
        self.__radius = radius

    def area(self):
        return math.pi*(self.__radius**2)
```

```
    def  perimeter(self):
        return 2*math.pi*self.__radius


    def __str__(self):
        return "圆心:"+super().__str__()+"\t半径:"+str(self.__radius)
```

③ 创建 Cylinder 类继承 Circle 类，增加属性 height，表示圆柱体的高。重写求面积的方法（整个表面积），重写__str__()，增加求体积的方法。

```
class Cylinder(Circle):
    def __init__(self,x,y,radius,height):
        super().__init__(x,y,radius)
        self.__height = height


    # 圆柱体的侧面积
    def area(self):
        return self.perimeter()*self.__height + 2*super().area()


    # 圆柱体的体积
    def volume(self):
        return super().area()*self.__height


    def __str__(self):
        return super().__str__()+"\t高: "+str(self.__height)
```

④ 创建类的对象，调用定义的方法进行模拟测试。

```
p = Point(1,2)  #创建点
print(p)        #打印点的描述
c = Circle(1,2,10) #创建圆
print("圆的面积: %.2f"%c.area()) #打印圆的面积
print("圆的周长: %.2f"%c.perimeter()) #打印圆的周长
print(c)                #打印圆的描述
cy = Cylinder(1,2,10,5)  #创建圆柱体
print(cy)               #打印圆柱体的描述
print("圆柱体的表面积: %.2f"%cy.area()) #打印圆柱体的描述
print("圆柱体的体积: %.2f"%cy.volume()) #打印圆柱体的体积
```

运行结果：

```
(1,2)
圆的面积：314.16
圆的周长：62.83
圆心：(1,2)  半径:10
圆心：(1,2)  半径:10  高：5
圆柱体的表面积：942.48
圆柱体的体积：1570.80
```

任务 3
开发可扩展的小型办公系统

扫码看视频

 任务书

为各个办公室开发这样一个小系统，包含类型：教师、办公室、打印机。具体要求如下。

① 教师以及办公室都具有方法：输出详细信息。

② 办公室具有属性：打印机，能够通过办公室的打印机打印教师或办公室的详细信息。

③ 系统要具备良好的可扩展性与可维护性。

工作准备

提示 1：多态性

示例 1：定义 Animal 类作为父类，定义 Dog 和 Cat 两个子类，定义一个 Lady 类，其中定义喂养不同动物的方法。

```
class Animal(object):
    def eat(self):
        pass
class Dog(Animal):
```

```
        def eat(self):
            print("狗吃肉")
    class Cat(Animal):
        def eat(self):
            print("猫吃鱼")
    class Lady(object):
        def weiYang(self,dog):
            dog.eat()
        def weiYang(self,cat):
            cat.eat()
    l = Lady()
    l.weiYang(Dog())
    l.weiYang(Cat())
```

【说明】

对应以上代码，在 Lady 类中定义了两个喂养方法，分别用于喂养 Dog 和 Cat，如果现在再增加 Animal 的子类比如 Mouse 类，则需要在 Lady 类中增加一个喂养 Mouse 的方法，如果今后再增加更多的 Animal 的子类，则在 Lady 类中也要增加更多的喂养方法，所以发现 Lady 类中的喂养方法不具备很好的扩展性。其实在实际情况中，Lady 可以对所有的 Animal 的任何子类都使用同样的喂养行为。为此，如何让 Lady 类中的喂养方法具备可扩展性呢？此时需要使用类的多态性。

多态性的概念即为同一个实现接口，在使用不同实例时执行的是不同的操作。

对示例 1 中 Lady 类中喂养方法进行修改如下：

```
class Lady(object):
    #在定义时参数看似是 Animal 类型的,
    #但是在将来执行该方法时传进来的是该类的子类对象
    def weiYang(self,animal):
        #在定义时看似调用的是 Animal 中的 eat()方法,
        #但是在将来 animal 引用的是哪个子类对象,则执行的是那个子类中重写的 eat()
方法
        animal.eat()
    l = Lady()
    l.weiYang(Dog())#此时传递进来的是 Dog 对象,则执行的是 Dog 的 eat()
    l.weiYang(Cat())#此时传递进来的是 Cat 对象,则执行的是 Cat 的 eat()
```

执行结果：

```
狗吃肉
猫吃鱼
```

🐍 **提示 2**：鸭子类型

对于静态语言（例如 Java）来说，如果需要传入 Animal 类型，则传入的对象必须是 Animal 类型或者它的子类，否则，将无法调用 eat()方法。对于 Python 这样的动态语言来说，则不一定需要传入 Animal 类型。我们只需要保证传入的对象有一个 run()方法就可以了。比如：

```python
class Hello(object):
    def eat(self):
        print("Hello 吃")
l.weiYang(Hello())
```

【说明】

Hello 类没有继承 Animal，只要类中定义了 eat()方法即可使用多态性，这是动态语言与静态语言的区别。

这就是动态语言的"鸭子类型"，它并不要求严格的继承体系，一个对象只要"看起来像鸭子，走起路来像鸭子"，那它就可以被看作是鸭子。

Python 的 "file-like object" 就是一种鸭子类型。对真正的文件对象，它有一个 read()方法，返回其内容。但是，许多对象，只要有 read()方法，都被视为 "file-like object"。许多函数接收的参数就是 "file-like object"，你不一定要传入真正的文件对象，完全可以传入任何实现了 read()方法的对象。

🖥️ **工作实施**

① 创建 Introduceable 类，其中包含教师和办公室都具备的方法。

```python
class Introduceable:
    def getDetail(self):
        pass
```

② 创建 Pinter 打印机类。

```python
class Printer:
    def print(self,content):
```

```
            print(content)
```

③ 创建 Teacher 类继承 Introduceable，覆盖返回详细信息的方法。

```
class Teacher(Introduceable):
    def __init__(self,name):
        self.name = name
    def getDetail(self):
        return "我的名字是:"+self.name
```

④ 创建 Office 类继承 Introduceable，覆盖返回详细信息的方法。定义一个打印方法可以打印继承了 Introduceable 的子类对象的详细信息。

```
class Office(Introduceable):
    def __init__(self,name,printer):
        self.name = name
        self.printer = printer
    def getDetail(self):
        return "办公室的名字是:"+self.name
    def print(self,intro):
        self.printer.print(intro.getDetail())
```

⑤ 创建测试类。

```
if __name__ == "__main__":
    teacher = Teacher("张三")
    printer = Printer();
    office = Office("软件办公室",printer)
    office.print(teacher)
    office.print(office)
```

编写代码并运行

① 定义矩形类 Rect，其中包含 length 和 width 两个私有属性，定义构造函数，getter 和 setter 方法，求面积的方法 area()，求周长的方法 perimeter()，重载__str()__、__eq()__方法。定义测试类创建类的对象并调用方法。

② 编写一个程序模拟读者借阅图书的过程。定义 Book 类包含 bookName、author、pages、available（是否被借走），定义相应的方法。定义 User 类模拟读者，包含一个属性姓名，以及他所借阅的书的数目。定义一个方法用来使读者查阅所借的书是否可以借阅，并完成借阅；要求一个读者至多只能借阅 4 本书（提示：类的组合）。

③ 运用类的组合。

a．定义 Point 类，其中包含 x、y 两个坐标值，定义构造方法，重写__str()__。

b．定义 Circle 类，其中包括 radius 半径属性，Point 类型的属性，让 Point 作为圆的圆心，定义构造函数，求面积的方法，求周长的方法，重写__str()__方法。

c．定义 Cylinder 类，其中包括 height 属性，Circle 类的属性，让圆属性作为圆柱体的底和顶，定义构造方法，定义求所有表面积的方法，定义求体积的方法，重写__str()__。最后测试以上定义的类。

④ 使用继承性实现第③题的功能。首先定义 Point 类，其次定义 Circle 类继承 Point，接着定义 Cylinder 继承 Circle。最后进行测试。

⑤ 定义教师类，其中教师分为 Java 教师以及 NET 教师，各自的要求如下：

Java 教师：属性——姓名、所属教研室；方法——授课 giveLession、自我介绍 introduce（）。

NET 教师：属性——姓名、所属教研室；方法——授课、自我介绍 introduce（）。

在教师类的基础上，开发一个类代表督导部门，负责对各教师进行评估，使用 judge()方法，评估内容包括：

a．教师的自我介绍；

b．教师的授课；

要求该类具有可扩展性（注：多态性编程）。

⑥ 使用多态性编程：

a．定义一个类 Sortalbe，包括一个方法 compare(Sortable s)，表示需要进行比较大小，返回大于 0 则表示大于。

b．定义一个类 Student，要求继承 Sortable，必须重写 compare()方法。Student 类中包括 score 属性，重载__str()__方法，在比较大小时按照成绩的高低比较。

c．定义一个类 Rectangle，要求继承 Sortable，必须重写 compare()方法。Rectange 类中包括 length、width 属性，同时包括相应的构造方法，求面积的 area()方法，重写__str()__方法；在比较大小时按照面积的大小进行比较。

d．定义一个 Sort 类，其中定义类方法 void selectSort(list)，参数 list 是一个 Sortable 子类对象的列表，按照选择方法进行降序或升序排序。

e．定义一个 TestSort 类，测试以上定义的类。

项目六
文件操作

学习
目标

知识目标

- ◎ 了解文件的作用及文本文件和二进制文件。
- ◎ 掌握文本文件和二进制文件的读写操作。
- ◎ 掌握文件、目录的常用操作。

能力目标

- ◎ 能对文本文件和二进制文件读写操作。
- ◎ 能对文件实现常用的基本操作。
- ◎ 能对目录实现常用的基本操作。

素质目标

- ◎ 培养学生的规范意识、精益求精的精神。
- ◎ 培养学生的创新意识、创新精神。
- ◎ 培养学生刻苦钻研的态度和自主学习的能力。

思维
导图

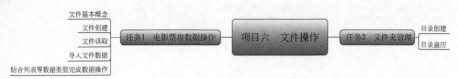

文件基本概念
文件创建
文件读取
导入文件数据
结合列表等数据类型完成数据操作

任务1 电影票房数据操作　　项目六 文件操作　　任务2 文件夹管理

目录创建
目录遍历

情景
导入

　　本项目之前我们主要是使用 Python 自带的数据结构来存放数据，而程序与外部的交互很少，且都是通过 input 和 print 进行的。为了长期保存数据，方便修改和供其他程序使用，就必须将数据以文件的形式存储到外部存储介质（如磁盘）。通常的信息管理系统使用数据库存储数据，而应用程序的配置信息是通过文本文件来存储的。此外，图形、图像通常用二进制文件来存储。文件在软件开发中占有重要的地位，因此，我们要熟练掌握文件的基本原理和基本操作。Python 提供了对文件进行打开、读写、文件指针移动等操作的相关函数，可以方便地访问文件中的数据。本项目将讲解 Python 中文件的基本原理和基本操作。

任务 1
电影票房数据操作

扫码看视频

 任务书

　　针对本地电影数据文件完成数据的读取，采用前面内容中学习的 Python 基本的切片、字符串获取等操作完成相应的数据处理操作，具体包含的操作任务有：读入数据、字符替换、获取电影名、id 号、对应月份正在上映的电影、"上映时间"、"下映时间"、评分大于 7 的电影、票房最高的电影等具体操作，电影数据如图 6-1 所示。

id:电影名称;上映时间;闭映时间;出品公司;导演;主角;影片类型;票房/万;评分
ID:0461 , 《熊出没之夺宝熊兵》 ; 2014. 1.17;2014. 2.23;深圳华强数字动漫有限公司;丁亮;熊大，熊二，;;;
ID:1805 , 《菜鸟》 ; 2015. 3.27;2015. 4.12;麒麟影业公司;项华祥;柯有伦，崔允素，张艾青，刘亚鹏，张星宇;爱情/动作/喜剧;192.0;4.5
ID:1752 , 《栀子花开》 ;2015. 7.10;2015. 8.23;世纪百年影业，文投基金，华谊兄弟，千和影业，剧角映画，合一影业等;何炅;李易峰，张慧雯，蒋劲夫，张予曦，魏大勋，李心艾，
ID:1782 , 《我是大明星》 ;2015.12.20;2016. 1.31;北京中艺博悦传媒;张艺飞;高天，刘波，谭灿，龙梅子；爱情 励志 喜剧;9.8;2.5
ID:0624 , 《天将雄师》 ;2015. 2.19;2015. 4.6;耀莱文化，华宜兄弟，上海电影集团;李仁港;成龙，约翰·库萨克，阿德里安·布劳迪，崔始源 ，林鹏，王若心，筷子兄弟，西蒙子
ID:3742 , 《简单爱》 ;2015. 7. 3;2015. 7.19;中视合利（北京）文化投资有限公司—鸣影业公司（美国）;崔龄燕;许绍洋，张琳，谢雨馨，石铭熙;都市浪漫爱情喜剧;21.7;2.9
ID:3684 , 《全能_爸》 ;2015. 3.5;2015. 3.22;河南弘星、北京弘星、杭州赛耀;董有洋;罗京民，孙波，于非，马燕，赵丽，卢思佚，米明杰，贾圣;亲情励志喜剧;83.0;7.5
ID:1706 , 《恶棍天使》 ;2015.12.24;2016. 2.13;天津橙子映像传媒有限公司、北京光线影业有限公司;邓超、俞白眉;邓超，孙俪，梁超，代乐乐;喜剧/荒诞/爱情;64959.0;4.0
ID:8170 , 《冲上云霄》 ;2015. 2.19;2015. 3.29;寰亚电影制作有限公司;叶伟信，邹凯先;古天乐，郑秀文，吴镇宇，张智霖，余诗曼，郭采洁;剧情，爱情;15631.3;4.4
ID:0816 , 《少年班》 ;2015. 6.19;2015. 7.19;工夫影业，华谊兄弟;肖洋;孙红雷，周冬雨，董子健，王栎鑫，李佳奇，夏天，王森;青春、校园、喜剧;5068.7;5.7

图 6-1 电影数据❶

工作准备

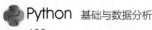
提示 1：文件基本概念

文件是存储在外部介质上的数据的集合，文件有一个文件名。文件的基本单位是字节，文件所含的字节数就是文件的长度。文件所含的字节是从文件头到文件末的，每个字节有 1 个默认的位置，位置从 0 开始。

按文件中数据的组织形式把文件分为文本文件和二进制文件两类。

1．文本文件

文本文件存储的是常规字符串，由文本行组成，通常以换行符 '\n' 结尾，只能读写常规字符串。文本文件可以用记事本打开进行编辑，所以记事本文件、HTML 文件、Java 源程序、Python 源程序等都是文本文件，相对容易阅读和修改。

文本文件通常比等价的二进制文件大。需要通过网络发送大型文本文件时，一般要进行压缩（如压缩成 zip 格式），以提高传输速度和节省磁盘空间。

2．二进制文件

二进制文件把对象在内存中的内容以字节（byte）的形式进行存储，不能用字处理软件打开。在文本编辑器中打开二进制文件时，显示的是一堆乱码。有些类型的二进制文件（如 JPEG 图像）需要使用特殊查看器显示其内容。占据的空间通常比等价的文本文件小。对程序来说，可以直接阅读二进制文件。虽然二进制文件各不相同，但通常无需编写复杂的分析程序来读取它们。

提示 2：文件操作

1．文件的创建

文件的打开或创建可以使用函数 open。该函数可以指定处理模式，设置打开的文件为只读、只写或可读写状态。

---

❶ 书中电影信息仅为编程案例，非正式数据。

格式：file object　open(file, [mode[,　buffering]])

参数：

● file 是被打开的文件名。若文件 file 不存在，在"w"模式下，open()将创建该文件，然后再打开该文件。在"r"模式下，打开的文件不存在则抛出 IOError 异常。

● mode 是指文件的打开模式。打开模式如表 6-1 所示。

● buffering 设置缓存模式。0 表示无缓冲；1 表示行缓冲；如果大于 1 则表示缓冲区的大小；−1（或者任何负数）代表使用默认的缓冲区大小。以字节为单位。

表 6-1　文件的打开模式

参数	描述
r	以只读的方式打开文件，文件不存在则产生异常
r+	以读写的方式打开文件，文件不存在则产生异常
w	以写入的方式打开文件。先删除文件原有的内容，再重新写入新的内容。如果文件不存在，则创建一个新的文件
w+	以读写的方式打开文件。先删除文件原有的内容，再重新写入新的内容。如果文件不存在，则创建一个新的文件
a	以写入的方式打开文件，在文件末尾追加新的内容。如果文件不存在，则创建一个新文件
a+	以读写的方式打开文件，在文件末尾追加新的内容。如果文件不存在，则创建一个新文件
B	以二进制模式打开文件。可与 r、w、a、a+ 结合使用
U	支持所有的换行符号。如：'\r'、'\n'、'\r\n'

2. file 对象

open（）方法打开一个文件，返回一个 file 对象，file 对象用于文件管理，可以对文件进行创建、打开、读写、关闭等操作。file 对象常见的属性和方法见表 6-2。

文件的处理一般分为三个步骤：

① 创建并打开文件，使用 open()函数返回 1 个 file 对象。

② 调用 file 对象的 read()、write()等方法处理文件。

③ 调用 close()关闭文件，释放 file 对象占用的资源。

表 6-2　file 类的常用属性和方法

属性或方法	描述
closed	判断文件是否关闭，如果文件关闭，返回 True
encoding	显示文件的编码类型
mode	显示文件的打开模式
name	显示文件的名称
newlines	文件使用的换行模式
open(name[,mode[,buffering]])	以 mode 指定的方式打开文件。如果文件不存在，则先创建文件，再打开文件。buffering 表示缓存模式。0 表示不缓存；1 表示行缓冲；如果大于 1 则表示缓冲区的大小；−1 或其他负数表示默认缓冲区

属性或方法	描述
flush()	将缓冲区的内容写入磁盘
close（）	关闭文件
read([size])	从文件中读取 size 个字节的内容，作为字符返回
readline([size])	从文件中读取 1 行，作为字符串返回。若指定 size，表示每行每次读取的字节数，依然要读完整行的内容
readlines([size])	将文件中的每行存储在列表中返回。若指定 size，表示每次读取的字节数
seek(offset[,whence])	将文件的指针移动到一个新的位置。offset 表示相对于 whence 的位置。Whence 用于设置相对位置的起点，0 表示从文件开头开始计算；1 表示从当前位置开始计算；2 表示从文件末尾开始计算。若 whence 省略，offset 表示相对文件开头的位置
tell()	返回文件指针当前的位置
next()	返回下一行的内容，并将文件的指针移到下一行
truncate([size])	删除 size 个字节的内容
write(str)	将字符串 str 的内容写入文件
writelines(sequence_of_string)	将字符串序列写入文件

示例 1：文件的创建、写入和关闭。

```
f = open("story.txt",'w')
f.write("孔融让梨\n ")
f.write("孔融小时候聪明好学,才思敏捷,巧言妙答,大家都夸他是奇童...\n")
f.close()
```

【说明】

① 以 "w" 写的方式打开一个当前目录下的文本文件，如果存在则打开，否则会创建文件。

② 此时打开文件时，文件指针始终会指向文件开头的位置。

③ 使用 file 对象的 write（）方法写字符串到文件中。通常写的内容不是直接到外存的磁盘上，而是先写在内存缓冲区中，缓冲区一旦满了则把文件写到外存的磁盘上。如果缓冲区不满则不会向文件中写入内容，此时可以调用 flush()方法，主动刷新缓冲区。

④ 文件使用结束务必 close()，关闭时会默认调用 flush()。文件使用完毕后必须关闭，因为文件对象会占用操作系统的资源，并且操作系统同一时间能打开的文件数量也是有限的。

文件读写时都有可能产生 IOError，一旦出错，后面的 close()就不会调用。所以，为了保证无论是否出错都能正确地关闭文件，可以使用 try…finally 来实现。

```
try:
    f = open("story.txt",'w')
    f.write("孔融让梨\n ")
    f.write("孔融小时候聪明好学,才思敏捷,巧言妙答,大家都夸他是奇童...\n")
finally:
    if f: #如果文件正常打开了则 f 不为 None
        f.close()
```

但是每次都这么写实在太繁琐,所以 Python 引入了 with 语句来自动帮我们调用 close()方法。

```
with open("story.txt",'w') as f:
    f.write("孔融让梨\n ")
    f.write("孔融小时候聪明好学,才思敏捷,巧言妙答,大家都夸他是奇童...\n")
```

这和前面的 **try…finally** 是一样的,但是代码更加简捷,并且不必调用 f.close() 方法。

示例 2:在文件末尾添加新的内容。

```
with open("story.txt",'a') as f:
    f.write("4 岁时,他已能背诵许多诗赋,并且懂得礼节,父母亲非常喜爱他。\n")
```

【说明】

以"a"追加方式打开文件,此时文件指针直接指向文件末尾。

3. 文件的读取

文件的读取有多种方法,可以使用 readline()、readlines()或 read()函数读取文件。

(1)按行读取方式 readline()

readline()每次读取文件中的一行,需要使用永真表达式循环读取文件。但当文件指针移动到文件的末尾时,依然使用 readline()读取文件将出现错误。因此程序中需要添加 1 个判断语句,判断文件指针是否移动到文件的尾部,并且通过该语句中断循环。

示例 3:使用 readline()读取文件。

```
with open("story.txt","r") as f:
    while True:
        line = f.readline()
        if line:
            print(line)
        else:
            break
```

注意，以"r"读的方式打开文件的时候，文件必须是存在的，如果不存在则产生异常，比如说："story.txt"少写一个"o"，则文件不存在，报错：

```
with open("stry.txt","r") as f:
FileNotFoundError: [Errno 2] No such file or directory: 'stry.txt'
```

（2）多行读取方式

函数 readlines()可一次性读取文件中的多行数据，返回一个列表，需要通过循环访问列表中返回的内容。

示例 4：使用 readlines()读取文件。

```
with open("story.txt","r") as f:
    lines = f.readlines()
    for line in lines:
        print(line)
```

（3）一次性读取方式

读取文件最简单的方法是使用 read()，read()将从文件中一次性读出所有的内容，并赋值给 1 个字符串变量。调用 read()会一次性读取文件的全部内容，如果文件有10G，内存就爆了，所以为保险起见，可以反复调用 read(size)方法，每次最多读取 size 个字节的内容。

如果文件很小，read()一次性读取最方便；如果不能确定文件大小，反复调用 read(size)比较保险；如果是配置文件，调用 readlines()最方便。

示例 5：使用 read()读取文件。

```
with open("story.txt","r") as f:
    str = f.read()
    print(str)
```

示例 6：使用 read()返回指定字节的内容。

```
with open("story.txt","r") as f:
    print(f.tell())    #tell()返回当前文件指针的位置
    str = f.read(10)   #读取文件的前 10 个字符，如果不足 10 个则读取实际个数字符
    print(str)
    print(f.tell())
    str = f.read(20)
    print(str)
    print(f.tell())
```

执行结果：

```
0
孔融让梨
孔融小时
19
候聪明好学,才思敏捷,巧言妙答,大家都夸
56
```

4．文件的写入

文件的写入同样有多种方法，可以使用 write()、writelines()方法写入文件。示例 1 使用 write()方法将字符串写入文件，而 writelines()方法可将列表中存储的字符串序列写入文件。

示例 7：使用 writelines()写文件。

```
with open("hello.txt","w+") as f:      #以写的模式打开，可以同时进行读写
    lines = ["Hello World!\n","Hello China!\n"]
    f.writelines(lines)
    f.seek(0)                          #把指针移到文件的头位置
    lines = f.readlines()
    for line in lines:
        print(line,end="")
```

5．文件的删除

删除文件需要使用 os 模块和 os.path 模块。os 模块提供了对系统环境、文件、目录等操作系统级的接口函数。表 6-3 列出了 os 模块常用的文件处理函数。表 6-4 列出了 os.path 模块常用的文件处理函数。注意 os 模块的 open()函数与内置的 open()函数的用法不同，传递的参数不一样，比如 os.O_RDONLY：以只读的方式打开文件。但是建议读者使用自带的 open 函数配合 with 完成文件打开操作。

表 6-3　os 模块常用文件处理函数

属性或方法	描述
access(path,mode)	按照 mode 指定的权限访问文件
chmod(path,mode)	改变文件的访问权限
open(*filename,flag[,mode=0777])	按照 mode 指定的权限打开文件。默认情况下，给所有用户读、写、执行的权限
remove(path)	删除 path 指定的文件
rename(old,new)	重命名文件或目录。old 表示原文件或目录，new 表示新文件或目录

属性或方法	描述
stat(path)	返回 path 指定文件的所有属性
fstat(path)	返回打开的文件的所有属性
lseek(fd,pos,how)	设置文件的当前位置，返回当前位置的字节数
startfile(filepath[,operation])	启动关联程序打开文件。例如：打开的是一个 html 文件，将启动 IE 浏览器
tmpfile()	创建一个临时文件，文件创建在操作系统的临时目录中

表 6-4　os.path 模块常用处理函数

属性或方法	描述
os.path.exists(path)	路径存在则返回 True，路径损坏返回 False
os.path.dirname(path)	返回文件路径
os.path.isfile(path)	判断路径是否为文件

示例 8：文件的删除。

```
import os
if os.path.exists("hello.txt"):
    os.remove("hello.txt")
```

【说明】

os.path.exists(file)判断当前目录下是否有某个文件，如果存在则为真，否则为假。os.remove(file)删除文件。

6.　文件的复制

file 类并没有提供直接复制文件的方法，但可以使用 read()、write()方法来实现复制文件的功能。

示例 9：用 read()、write()实现文件复制。

```
size = 16
try:
    src = open("hello.txt","r")
    des = open("hello2.txt","w")
    while True:
        str = src.read(size)
        if str != "":
            des.write(str)
        else:
```

```
      break
except (FileNotFoundError,IOError) as ex:
   print(ex)
finally:
   if src:
      src.close()
   if des:
      des.close()
```

7. 文件的重命名

os 模块的函数 rename()可以对文件或目录进行重命名。在实际应用中，经常需要将某一类文件修改为另一种类型的文件，即修改文件的后缀名。可以通过函数 rename()和字符串查找函数来实现。

示例 10：修改文件名。

```
import os
ls = os.listdir(".")  #返回当前目录下的文件列表
if "hello.txt" in ls:
   os.rename("hello.txt","hello4.txt")
```

示例 11：把当前目录下所有.html 文件修改后缀名为.htm。

```
import os
files = os.listdir(".")
for fileName in files:
   pos = fileName.find(".")
   if fileName[pos+1:] == "html":
      newName = fileName[:pos+1]+".htm"
      os.rename(fileName,newName)
```

8. 文件内容的搜索和替换

文件内容的搜索和替换可以使用字符串查找和替换来实现。

示例 12：从 hello.txt 文件中统计出"hello"出现的次数。

```
import re
f1 = open("hello.txt","r")
count = 0
for line in f1.readlines():
   ls = re.findall("Hello",line)
```

```
        if len(ls)>0:
            count += ls.count("Hello")
    f1.close()
    print("查找到"+str(count) +"个 hello")
```

输出结果是：查找到 2 个 hello

读者可能在此发现导入了 re 包，在 Python 中提供该包用于正则验证，正则表达式描述了一种字符串匹配的模式，可以用来检查一个串是否含有某种子串、将匹配的子串替换或者从某个串中取出符合某个条件的子串等。这边引用 re 正则表达式模块来判断表达式含有"Hello"的个数，findall 函数完成查找，语法格式：

```
re.findall("匹配规则"，"要匹配的字符串")
```

最终以列表形式返回匹配到的字符串。

工作实施

① 按行读入数据，当读入空行时退出，将不合法的字符替换，遍历中文的字符列表 a，替换成英文字符。

```
#coding:utf-8
a=["，","，"; "]    #中文字符列表
b=[",",",";"] #替换英文字符
with open("film_csv-1.txt",'rb') as fp: #打开文件，自动关闭
    while True:   #开始读入操作
        i=0
        line=fp.readline().decode('utf-8') #读入一行
        line1="".join(line.split(" ")) #去空
        if not line: #1.该行为空，退出循环
            break
        for word in a: #2.不合法的字符替换，遍历中文的字符列表 a，替换成英文字符
            if word in line1:
                line1=line1.replace(word,b[i])
            i+=1
        print(line1)
```

原始数据：

```
id;电影名称;上映时间;闭映时间;出品公司;导演;主角;影片类型;票房/万;评分
    ID:0461，《熊出没之夺宝熊兵》；2014.1.17;2014.2.23;深圳华强数字动漫有
限公司;丁亮;熊大，熊二，;;;
    ID:1805，《菜鸟》；2015.3.27;2015.4.12;麒麟影业公司;项华祥;柯有伦，
崔允素，张艾青，刘亚鹏，张星宇;爱情/动作/喜剧;192.0;4.5
    ID:1752，《栀子花开》；2015.7.10;2015.8.23;世纪百年影业，文投基金，华
谊兄弟，千和影业，剧角映画，合一影业等;何炅;李易峰，张慧雯，蒋劲夫，张予曦，魏大
勋，
```

输出结果是：

```
id;电影名称;上映时间;闭映时间;出品公司;导演;主角;影片类型;票房/万;评分

ID:0461，《熊出没之夺宝熊兵》;2014.1.17;2014.2.23;深圳华强数字动漫有限公司;丁亮;熊大，熊二，;;;

ID:1805，《菜鸟》;2015.3.27;2015.4.12;麒麟影业公司;项华祥;柯有伦，崔允素，张艾青，刘亚鹏，张星宇;爱情/动作/喜剧;192.0;4.5

ID:1752，《栀子花开》;2015.7.10;2015.8.23;世纪百年影业，文投基金，华谊兄弟，千和影业，剧角映画，合一影业等;何炅;李易峰，张慧雯，蒋劲夫，张予曦，魏大勋，
```

对比两个";"，原始数据中是中文符号，输出的是英文符号。因此，该项操作将全文中符号等不对的全部进行了替换。而且，line1 的数据是按行获取到的数据。

② 获取每行的电影名。在数据初始化的位置定义列表 filmname，用于存储从每行数据提取出来的电影名。

```
filmname=[] #创建列表，为了存储电影名
```

在循环中对 line1 变量进行操作，注释掉"print(line1)"，增加语句完成获取每一行中的电影名，分析数据提取的思路，原始数据中列数据是用";"分隔，电影名是在符号"《"之后，可以考虑先分割出每列数据，获取到"《"符号的位置，再提取电影数据字段内容。

```
line2=line1.split(";") #按照";"进行分割
start=line2[0].find("《") #找到分割后的第 0 行的《位置
filmname.append (line2[0][start+1:-1:1]) #获取电影名
```

输出 filmname：['\ufeffi', '熊出没之夺宝熊兵', '菜鸟', '栀子花开',...]，所有的电影名被获取到列表 filmname 中。

③ 获取 id 号。同理，可以通过同种方式获得每条记录的 id 号，当然，读者也可以找其他的截取数据的方式得到，参考代码：

```
id=[] #创建列表，存储 id 号
id.append(line2[0][line2[0].find(":")+1:line2[0].find(","):]) #获取 id
```

获得的 id 号是一个列表。

④ 查询正在上映的电影，用户输入待查询的日期，根据用户输入查询当天正在上映的电影名。

```
print("-----------")  #
print("输入查询日期")
selectdate=datetime.strptime(input(), "%Y.%m.%d")
fname=[]
```

在 while 循环语句之内增加语句：

```
if(line2[1]!='电影名称'):
    startmonth=datetime.strptime(line2[1], "%Y.%m.%d")
    endmonth=datetime.strptime(line2[2], "%Y.%m.%d")
    if selectdate>startmonth and selectdate<endmonth:
        fname.append(line2[0][start+1:-1:1])
```

当用户输入：2015.7.1

查询的结果在 fname 列表里：['少年班']

⑤ 输入电影名，获取该电影的上映时间、下映时间、电影公司、导演、演员、类型、票房、评分数据。

```
text=input() #定义变量 text，存入电影名，根据电影名获取所有信息
#本部分代码继续写在 while 里面
if text in line1:
    print("电影《{1}》的上映时间是：{0}".format(line2[1],text))
    print("电影《{1}》的下映时间是：{0}".format(line2[2],text))
    print("电影《{1}》的公司是：{0}".format(line2[3],text))
    print("电影《{1}》的导演是：{0}".format(line2[4],text))
    print("电影《{1}》的演员是：{0}".format(line2[5],text))
    print("电影《{1}》的类型是：{0}".format(line2[6],text))
    print("电影《{1}》的票房是：{0}".format(line2[-2],text))
    print("电影《{1}》的评分是：{0}".format(line2[-1],text))
```

当用户输入的是：我是大明星

输出结果是：

```
电影《我是大明星》的上映时间是：2015.12.20
电影《我是大明星》的下映时间是：2016.1.31
电影《我是大明星》的公司是：北京中艺博悦传媒
```

电影《我是大明星》的导演是：	张艺飞
电影《我是大明星》的演员是：	高天,刘波,谭皓,龙梅子
电影《我是大明星》的类型是：	爱情励志喜剧
电影《我是大明星》的票房是：	9.8
电影《我是大明星》的评分是：	2.5

⑥ 查询评分大于 7 的电影，每行的最后一列数据是评分，同理获得：

```
if line2[-1] > '7':
    print(line1)
```

输出结果是：

```
ID:3684,《全能_爸》;2015.3.5;2015.3.22;河南弘星、北京弘星、杭州寰耀;
董春泽;罗京民,孙波,于非,马燕,赵丽,卢思佚,米明杰,贾志;亲情励志喜剧;83.0;
7.5
```

⑦ 获取票房的总数和票房最高的电影，思路是：首先将每行的电影名和票房数存储，可以考虑采用字典存放，同时完成电影票房数叠加。

```
piaofang={} #创建字典，存储电影名和票房数
s=0 #统计票房综合，初值 0
if line2[-2] != "" and line2[-2] != "票房/万":
    piaofang.update({line2[0][start+1:-1:1]:float(line2[-2])})
#添加字典，获取电影名和票房数
    s+=float(line2[-2])    #将字符串转换成浮点型，并完成求和操作
```

当所有的票房数都已经获取到字典 piaofang 中后，此时可以对该字典内容进行排序操作，排序采用 sort 函数完成，读者可以参考函数实现部分的任务 3 中讲解。

```
piaofang1 = sorted(piaofang.items(), key=lambda x: x[1] ,
reverse=True)#根据票房数排序
print(piaofang1[0][0])    #输出票房总数最高的电影
print("票房总和是{0:f}".format(s))
```

输出结果是：

```
天将雄师
票房总和是 198296.500000
```

任务 2
文件夹管理

扫码看视频

任务书

采用 os.path.join 函数获取文件或目录的完整信息，并输出显示，然后判断该信息是否为目录，若是，则依据该目录进行递归，获取其下一级目录及文件的信息。

工作准备

 提示 ：目录的常见操作

Python 的 os 模块还提供了一些针对目录操作的函数，os 模块提供的常用目录处理函数见表 6-5。

表 6-5　os 模块常用目录处理函数

属性或方法	描述
mkdir(path[,mode=0777])	创建 path 指定的一个目录
makedirs(name,mode=511)	创建多级目录，name 表示为 "path1\path2\…"
rmdir(path)	删除 path 指定的目录
removedirs(path)	删除 path 指定的多级目录
listdir(path)	返回 path 指定目录下的所有文件名
getcwd()	返回当前工作目录
chdir(path)	改变当前目录为 path 指定的目录
walk(op,topdown=True,onerror=None)	遍历目录树
stat(fname)	返回有关 fname 的信息，如大小（单位为字节）和最后一次修改时间。详细功能参考在线文档

示例：目录的创建和删除。

```
import os
os.mkdir("hello")          #创建目录
os.rmdir("hello")          #删除目录
```

```
os.makedirs("hello\world")     #创建多级目录
os.removedirs("hello\world")   #删除多级目录
```

 工作实施

定义函数实现当前根目录下的所有子文件和子文件夹的获取。用 list(path)函数可以查看指定路径下的目录及文件信息，如果我们希望查看指定路径下全部子目录的所有目录和文件信息，就需要进行目录的遍历。目录的遍历有 2 种实现方法：递归法和 os.walk 函数法。

方法一：递归法显示，采用 listdir 函数获取路径下的所有子文件。

```
import os
b=[]
def accessDir(path):
    for lists in os.listdir(path):
        subPath = os.path.join(path,lists)
        # print(subPath)
        b.append(subPath)     #所有路径都存放到 b 中
        if os.path.isdir(subPath):
            accessDir(subPath)
accessDir("./")
```

其中，os.path.join 是 os.path()模块的方法，作用是将目录和文件名合成一个路径。

方法二：采用 os.walk 函数法，os.walk 函数能返回该路径下的所有文件及子目录信息元组，将该信息列表分成文件、目录逐次进行显示。

```
import os
a=[]
def accessDir(path):
    listDirs = os.walk(path) #返回元组，包括所有路径名、所有目录列表与文件列表
    for root,dirs,files in listDirs:  #遍历该元组的目录和文件信息
        for d in dirs:
            a.append(os.path.join(root,d)) #所有路径都存放 a 中
        for f in files:
            a.append(os.path.join(root,f))
accessDir("./")
```

思考：请读者自行完成只获取当前目录下面的所有子文件，如何完成？

拓展思考

编写代码并运行

① 键盘输入多个用户的姓名、性别、电话、地址信息，把信息存入文本文件中，一个用户信息占有一行，第一行存放姓名、性别、电话、地址等表头信息。然后从文件中读出信息并输出。

② 编程对第①题的文件实现复制。

③ 编写一个程序生成列表[11,22,33,44,55]，将其以二进制方式写入文件。然后从文件中读出该列表，并输出。

项目七
Numpy 数值计算

知识目标

- ◙ 掌握 Numpy 的数组含义。
- ◙ 理解 Numpy 矩阵的概念。
- ◙ 理解 Numpy 的操作函数。

能力目标

- ◙ 能够安装第三方组件库。
- ◙ 会使用 Numpy 完成数据的导入导出。
- ◙ 会完成 Numpy 数组的切片操作。
- ◙ 会使用 Numpy 数组完成相应的科学计算。
- ◙ 会使用 Numpy 函数完成相应的统计汇总。

▣ 培养学生对数学计算的兴趣。

▣ 激发学生对数据分析职业的兴趣。

思维导图

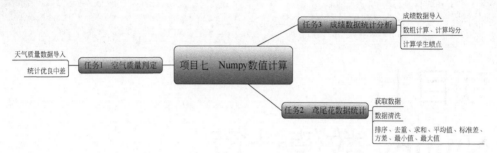

成绩数据导入

数组计算、计算均分

计算学生绩点

任务3　成绩数据统计分析

天气质量数据导入

统计优良中差

任务1　空气质量判定

项目七　Numpy数值计算

任务2　鸢尾花数据统计

获取数据

数据清洗

排序、去重、求和、平均值、标准差、方差、最小值、最大值

情景导入

前面介绍过了列表数据类型，可用于存储数组元素内容，但在 Python 语言中给出了一个扩展程序库 NumPy，它可以支持大量的数组与矩阵运算，效率较高，尤其在配合 SciPy 科学计算函数库时，提供了强大的科学计算环境，能够完成科学计算和机器学习。如果读者仅完成简单的数据计算工作，可以跳过本部分，直接进入下一部分，采用 Pandas 完成。NumPy 是一个开源的 Python 科学计算库，NumPy 库可支持大量的多维度数组与矩阵运算，其有以下特点：

① 可以进行 n 维数组的高效计算；

② 能进行线性代数、傅里叶变换、随机数生成等多种功能；

③ 是整合 C/C++/Fortran 代码的工具；

④ 有丰富的数组处理功能，可以进行广播计算。

任务 1
空气质量判定

扫码看视频

 任务书

通过网络下载 2019 年 10 月南京的空气质量情况，存储到"天气质量情况.csv"表中（图 7-1），其中涉及时间和 AQI 空气质量参数，通过数据分析，统计查询南京 10 月的天气中重度污染、中度污染、轻度污染、优质天气各有多少天，取得 10 月份的空气质量平均数。

日期, AQI, PM$_{2.5}$, PM$_{10}$, SO$_2$, CO, NO$_2$, O$_3$_8h
2020/10/1, 52, 36, 54, 6, 0.6, 25, 76
2020/10/2, 33, 22, 33, 7, 0.6, 18, 63
2020/10/3, 94, 29, 48, 10, 0.8, 30, 152
2020/10/4, 125, 35, 60, 10, 0.8, 29, 187
2020/10/5, 37, 17, 37, 5, 0.5, 18, 64
2020/10/6, 48, 12, 41, 7, 0.6, 38, 67
2020/10/7, 32, 20, 31, 5, 0.7, 25, 50

图 7-1　南京空气质量情况.csv 表字段内容

空气污染指数（air pollution index，API）是为了方便公众对污染情况有个直观的认识，根据污染物的浓度计算出来的。一般而言，监控部门会监测多种污染物分别计算指数，并选取指数最大者为最终的空气污染指数。在我国，监控的污染物包含：可吸入颗粒物（直径小于 10μm 的颗粒物 PM$_{10}$）、臭氧、二氧化硫、二氧化氮等。本题目判断条件是自定义的条件，根据 AQI 一列完成判断，如果该列数据超出 150，属于重度污染，如果该列超出 100 小于 150 的，则属于中度污染，如果是超出 50 小于 100 的，则属于轻度污染，如果是小于 50 的则属于优质空气。

 工作准备

🖵 （**提示 1**）：安装 NumPy

安装 NumPy 可以考虑采用界面方式安装，也可以采用命令行 pip 完成安装，本部分将介绍采用界面方式安装，在菜单中找到 file→default Settings，显示如图 7-2 所示界面，点击 Project Interpreter，显示目前已安装好的包，点击界面右上侧的加号，显示如图 7-3 所示界面，搜索框中输入 numpy，点击 Install Package，安装完成。

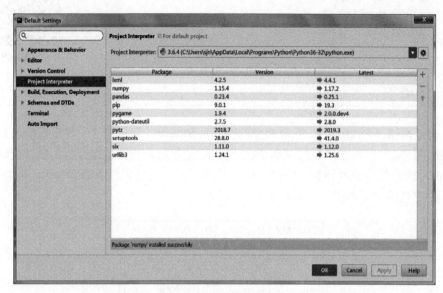

图 7-2　NumPy 安装界面

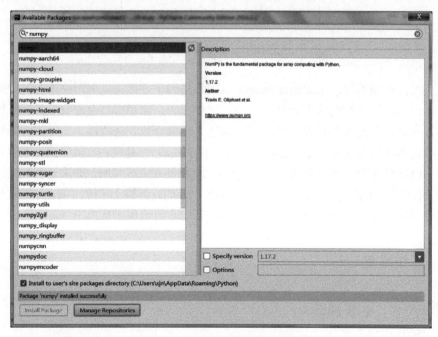

图 7-3　NumPy 安装完成结果图

也可以采用命令完成第三方库安装。安装后，读者就可以直接使用 NumPy 了，使用之前需要在文件最前面导入 NumPy 包：

import numpy as np。

随后，大家可以利用 np 使用 NumPy 包，本项目讲述的数组、矩阵都指的是这个包提供的数组对象。

提示 2：NumPy 数组对象的概念

在 NumPy 中 ndarray 是核心，数组对象是 n 维数组的一种数据类型，要求数组中的所有元素类型一致，存储区域也相同，与 Python 一样，下标计算从 0 开始。在 Python 中可以用列表或者元组等存储数组数据，但 NumPy 和列表有着明显的区别，虽然二者都可以用于处理多维数组，但 Numpy 中的 ndarray 对象作为一个快速而灵活的大数据容器，用于处理多维数组更加快捷、方便。此外，存储效率和输入输出性能也不同，Numpy 用于快速处理任意维度的数组。Numpy 底层使用 C 语言编写，其对数组的操作速度不受 Python 解释器的限制，效率远高于纯 Python 代码。并且对于同样的数值计算任务，使用 Numpy 比直接使用 Python 要简捷得多，存储效率和输入输出性能远优于 Python 中的嵌套列表，数组越大，Numpy 的优势就越明显。另外，在元素数据类型方面，Numpy 数组中的所有元素的类型都必须是相同的，而 Python 列表中的元素类型是任意的，所以在通用性能方面 Numpy 数组不及 Python 列表，但在科学计算中，可以省掉很多循环语句，代码使用方面比 Python 列表简单得多。

示例：完成两个数组的计算。

方法一：采用 Python 语言中列表定义数组。

```
def pySum():
    a=[0,1,2,3,4]
    b=[9,8,7,6,5]
    c=[]
    for i in range(len(a)):
        c.append(a[i]**2+b[i]**3)
    return c
print(pySum())
```

方法二：采用 NumPy 库的 array 定义数组。

```
import numpy as np
def  pySum():
```

```
    a=np.array([0,1,2,3,4])
    b=np.array([9,8,7,6,5])
    c=a**2+b**3
    return c
print(pySum())
```

输出结果都是：[729, 513, 347, 225, 141]

备注：两种方法的结果都是一样的，实现功能一致，但两种方法的效率明显有区别，方法一采用列表实现，如果想完成两个列表的对应列数据的计算操作，必须是循环遍历列表取出对应的数据完成加法操作，而方法二采用 NumPy 的数组完成，则可以直接采用加法批量计算，完成整体数组的数据操作，无需采用循环实现。

提示 3：NumPy 数组对象定义和访问

1. 创建数组
（1）创建一个一维数组

① 将列表[1,2,3]存储为 NumPy 数组：

```
a = np.array([1,2,3])
print (a)    #显示[1,2,3]
print (a.dtype)   #显示数组 a 的数据类型是 int32，dtype 函数检索数据类型
```

② 将元组（1,2,3,4,5）存储为 NumPy 数组：

```
a=np.array((1,2,3,4,5))
```

③ 将 range 对象转换成数组：

```
a=np.array(range(5))
```

（2）创建一个二维数组

```
a = np.array([[1,2,3],[4,5,6]])
print(a)
```

输出结果：[[1,2,3]
　　　　　[4,5,6]]

（3）arange 方式创建数组

通过 arange 方法根据数组范围创建一个数组对象。

语法格式：

```
np.arange(start,stop,step,dtype)
```

功能：根据 start 与 stop 指定的范围以及 step 设定的步长，生成一个 ndarray。

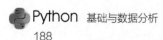

参数：start 表示起始数据，stop 表示终止数据，step 表示步长，默认为 1，dtype 表示返回 ndarray 的数据类型，如果没有提供，则会使用输入数据的类型。

举例：

```
a=np.arange(5)
print(a)  #输出[0,1,2,3,4]
m=np.array([np.arange(2),np.arange(2)])
print(m)    #输出[[0 1][0 1]]
a=np.arange(2,5,2)  #从2开始，终止值5，步长是2
print(a)  #输出[2,4]
x = np.arange(5.3, dtype = float)
print (x)   #输出[1.2.3.4. 5.]数据类型是float64
```

（4）linspace 方式创建数组

语法格式：

```
np.linspace(start, stop, num=50, endpoint=True, retstep=False, dtype=None)
```

功能：np.linspace 函数用于创建一个一维数组，数组是由一个等差数列构成的。

参数：start 是起始值，stop 是终止值，num 是等步长的样本数量，endpoint 表示为 true 时，数列中包含 stop 值，反之不包含，默认是 True；retstep 表示为 True 时，生成的数组中会显示间距，反之不显示；dtype 表示数据类型。

举例：

```
a = np.linspace(1,1,10)
print(a)  #输出[1.1.1.1.1.1.1.1.1.1.]数据类型是float64
a = np.linspace(5, 7, 5, endpoint =False)
print(a)  #输出[5. 5.4 5.8 6.2 6.6]，endpoint设为false，不包含数值7
```

（5）创建特殊形式数组

① 产生数组元素值全为 0 的函数。

语法格式：

```
np.zeros(shape, dtype = float, order = 'C')
```

参数：shape 表示数组形状。

举例：

```
x = np.zeros(2)
print(x)    #输出[0.0.]数据类型是float
x=np.zeros((3,3))  #返回3行3列的全0数组
```

```
y = np.zeros(2, dtype=np.int)
print(y)   #输出[0  0]数据类型是整型
```

② 产生数组元素值全为 1 的函数。
语法格式:

```
np.ones(shape, dtype = None, order = 'C')
```

举例:

```
x = np.ones(3)   #创建一个全是 1 数据的一维数组
print(x)      #输出[1.1.1.]  数据类型是 float
x=np.ones((3,3))   #返回 3 行 3 列的全 1 数组
x = np.ones([2, 2], dtype=int)   #创建一个全是 1 数据的二维数组,2 行 2 列
print(x)      #输出[[1 1]  [1 1]] 数据类型是 int
```

③ 产生一个空数组。
语法格式:

```
np.empty(shape, dtype = float, order = 'C')
```

举例:

```
x = np.empty([3,2], dtype = int)
print (x)     #输出一个 3 行 2 列数组,元素内容是随机数
```

④ 产生一个单位矩阵。
语法格式:

```
np.identity(n,dtype=None)
```

举例:

```
a=np.identity(3)   #3 行 3 列的单位矩阵,斜对角是 1
```

⑤ 生成随机小数。
语法格式:

```
np.random.rand(D0,D1,D2…,Dn)
```

举例:

```
np.random.rand(5,4)      #指定 5 行 4 列的随机小数
```

⑥ 生成正态分布数组。
语法格式:

```
np.standard_normal(size=None)
```

举例：

```
np.random.standard_normal(size=(3,4,2) )    #三维数组，正态分布的数组
```

⑦ 生成对角矩阵。

语法格式：

```
np.diag()
```

举例：

```
np.diag([1,2,3])      #二维数组，对角矩阵，指定元素都在对角线上
```

2．获取数组元素

以二维数组为例，行下标采用 i 表示，列下标采用 j 表示，表 7-1 说明了数组元素的位置。

表 7-1　数组元素的位置

[0,0]	[0,1]	[0,2]
[1,0]	[1,1]	[1,2]
[2,0]	[2,1]	[i-1,j-1]

```
m=np.array([np.arange(3),np.arange(3),np.arange(3)])   #生成一个 3 行 3
列的数组
print(m[0][2])    #输出 2
```

注意不要越界，也就是本来列最大只能是 2 下标索引，如果访问了 3 就会报错，比如说：

```
print(m[0][3])
```

提示：IndexError: index 3 is out of bounds for axis 1 with size 3

3．改变数组元素值

（1）返回改变后的数组元素

```
x=np.arange(8)    #x=[0,1,2,3,4,5,6,7]
np.append(x,8)
#返回的值是 array([ 0,  1,  2,  3,  4,  5,  6,  7,  8])
np.append(x,[9,10])
#返回的值是[0,1,2,3,4,5,6,7,9,10]
np.insert(x,1,8)
#返回的值是 array([0, 8, 1, 2, 3, 4, 5, 6, 7])
x.repeat(3)
```

```
#元素重复3次，返回新数组，array([0, 0, 0, 1, 1, 1, 2, 2, 2, 3, 3, 3, 4, 4, 4,
#5, 5, 5, 6, 6, 6, 7, 7, 7])
```

（2）直接修改数组元素值

```
x=np.arange(8)     #x=[0,1,2,3,4,5,6,7]
x[3]=8             #x=[0,1,2,8,4,5,6,7]
x.put(0,9)
#修改下标为0的内容为9,x=[9, 1, 2, 8, 4, 5, 6, 7]
```

注意，要记住哪些操作是可以直接修改数组元素值的，哪些操作只能返回修改后的值，表示要重新保存后才能使用新值，否则就是原有的数据内容。

提示 4：Numpy 统计函数

采用 Numpy 的统计函数可以完成求取最小值、最大值、中位数、平均值、方差等统计分析数据，具体相关操作见表 7-2 描述。

表 7-2 统计函数一览表

序号	函数	描述
1	numpy.amin()	用于计算数组中的元素沿指定轴的最小值
2	numpy.amax()	用于计算数组中的元素沿指定轴的最大值
3	numpy.ptp()	计算数组中元素最大值与最小值的差（最大值-最小值）
4	numpy.percentile()	计算百分位数，是统计中使用的度量，表示小于这个值的观察值的百分比
5	numpy.median()	用于计算数组中元素的中位数（中值）
6	numpy.mean()	用于计算数组均值
7	numpy.average()	用于根据在另一个数组中给出的各自的权重计算数组中元素的加权平均值
8	numpy.std()	标准差是一组数据平均值分散程度的一种度量，是方差的算术平方根
9	numpy.var()	方差是每个样本值与全体样本值的平均数之差的平方值的平均数

举例：

```
a = np.array([[3,7,5],[8,4,3],[2,4,9]])
print ('我们的数组是：')
print (a)
print (np.amin(a,1))   #输出结果[3,3,2]
print (np.amin(a,0))   #输出结果[2,4,3]
print (np.amax(a))     #输出结果 9
print (np.amax(a, axis = 0))  #输出结果[8,7,9]
```

```
print (np.ptp(a))          #输出结果是7
print (np.ptp(a, axis = 1))   #沿水平方向计算最大和最小值之间的差[4,5,7]
print (np.ptp(a, axis = 0))   #沿纵向方向计算最大和最小值之间的差[6 3 6]
print (np.percentile(a, 50)) # 50%的分位数，就是a里排序之后的中位数，结果是4.0
print (np.percentile(a, 50, axis=0))# axis 为0，在纵列上求，结果是[3,4,5]
print (np.percentile(a, 50, axis=1))# axis 为1，在横行上求，结果是[5,4,4]
#保持维度不变，结果是[[5][4][4]]
print (np.percentile(a, 50, axis=1, keepdims=True))
print (np.median(a)) #取中位数，结果是4
print ('沿轴 0 调用 median() 函数：')
print (np.median(a, axis = 0))    #沿列取中位数，结果是[3 4 5]
print ('沿轴 1 调用 median() 函数：')
print (np.median(a, axis = 1))    #沿行取中位数，结果是[[5][4][4]]
print (np.mean(a)) #计算均值，结果是5.0
print ('沿轴 0 调用 mean() 函数：')
print (np.mean(a, axis = 0)) #沿着列轴计算均值，结果是[4.33333333  5
5.66666667]
print ('沿轴 1 调用 mean() 函数：')
print (np.mean(a, axis = 1) )#沿着行轴计算均值,结果是[5 5 5]
print ('再次调用 average() 函数：')
#沿列轴计算加权平均值，(3*4+8*3+2*2)/(4+3+2),结果是4.44444444
print (np.average(a,axis=0,weights = wts))
#沿行轴计算加权平均值，(3*4+7*3+5*2)/(4+3+2),结果是4.777777778
print (np.average(a,axis=1,weights = wts))
```

提示 5：数据导入 ndarray

Numpy 可以读写磁盘上的文本数据或二进制数据。学会读写文件是利用 Numpy 进行数据处理的基础。Numpy 提供了两种常用的方法完成读入和写出工作，分别是 load 和 save 方法。根据读写的文件格式采用不同的读写方法。

常用的 IO 函数如下。

① load() 和 save() 函数是读写文件数组数据的两个主要函数，默认情况下，数组是以未压缩的原始二进制格式保存在扩展名为 .npy 的文件中的。

② savez() 函数用于将多个数组写入文件，默认情况下，数组是以未压缩的原始二进制格式保存在扩展名为 .npz 的文件中的。

③ loadtxt()和 savetxt()函数处理正常的文本文件（.txt 等）。

1. 写二进制文件的语法格式

np.save(file, arr, allow_pickle=True, fix_imports=True)

参数说明：

① file：要保存的文件，扩展名为 .npy，如果文件路径末尾没有扩展名 .npy，该扩展名会被自动加上。

② arr：要保存的数组。

③ allow_pickle：可选，布尔值，允许使用 Python pickles 保存对象数组，Python 中的 pickle 用于在保存到磁盘文件或从磁盘文件读取之前，对对象进行序列化和反序列化。

④ fix_imports：可选，为了方便 Pyhton 2 中读取 Python 3 保存的数据。

举例：

```
import numpy as np
a = np.array([1, 2, 3, 4, 5])
np.save('out.npy', a)
np.save('outfile', a)
```

注意：第一条 save 语句完成的是写出到 out.npy 文件，以二进制数据写出；第二条 save 语句没有给出文件后缀，默认的就是建立一个 outfile.npy 文件。

输出结果是：在当前文件夹下建立了两个文件 out.npy 和 outfile.npy，采用记事本方式打开是乱码。考虑读入数据到 Numpy 数组中。

二进制文件导入：

```
b = np.load('outfile.npy')
print(b)
```

输出结果是：[1 2 3 4 5]

2. 写文本文件的语法格式

```
np.savetxt(fname,x,fmt='',delimiter='''      ',newline='\n',header='
',footer=' ',comments='#')
```

参数说明：

① fname：要保存的文件名。

② x：数组数据。

③ fmt：读入数据的格式化。

④ delimiter：数据分隔符。

⑤ newline：修改换行符为自定义符号，默认是'\n'。

⑥ header：文件开头行输出内容。

⑦ footer：文件结束时输出的内容。

⑧ comments：开始或结束时输出的内容以备注形式，备注符号默认是'#'，可以修改为自定义的。

举例：

```
import numpy as np
a=np.ones(4).reshape(2,2)
np.savetxt("out.txt",a,delimiter=',')
```

输出结果是：

1.000000000000000000e+00,1.000000000000000000e+00

1.000000000000000000e+00,1.000000000000000000e+00

写出语句增加格式化字符后

```
np.savetxt("out.txt",a,fmt='%.2f',delimiter=',')
```

输出结果是：

1.00,1.00

1.00,1.00

3. 读入文本文件 loadtxt

```
np.loadtxt(fname,skiprows=1,delimiter=',', usecols=None)
```

参数说明：

① fname：导入数据的文件名。

② skiprows：跳过行数。

③ delimiter：分隔符。

④ usecols：读哪些列。

举例：

```
b=np.loadtxt("out.txt",skiprows=1,delimiter=',')
```

输出结果是：1.0　1.0

 工作实施

1. 导入数据

分析文本数据第一行是以下数据，无需读入，读入数据编码。

日期,AQI,PM$_{2.5}$,PM$_{10}$,SO$_2$,CO,NO$_2$,O$_3$_8h

```
#读取文件，只读第 1 列，且跳过第一行的标题
njdata=np.loadtxt('./天气质量情况.csv',delimiter=',',dtype='int',
skiprows=1,usecols=(1,2))
```

2. 统计汇总分析

根据 AQI 一列的数据完成统计分析，如果该列数据超出 150，属于重度污染，计算一个月内重度污染的天数占总天数比例；如果该列超出 100 小于 150，则属于中度污染，计算输出；如果是超出 50 小于 100，则属于轻度污染，计算输出；如果是小于 50 的则计算输出优质空气。编写代码：

```
#重度污染
heavy_count=np.sum(njdata[:,[0]]>150)
print("南京十月重度污染空气有%d 天,占十月份的%.2f%%"%(heavy_count,
heavy_count/31*100))
#heavy_lu=heavy_count/hours
#中度污染
medium_count=np.sum(njdata[:,[0]]>100)-heavy_count
print("南京十月中度污染空气有%d 天,占十月份的%.2f%%"%(medium_count,
medium_count/31*100))
#轻度污染
light_count=np.sum(njdata[:,[0]]>50)-medium_count-heavy_count
print("南京十月轻度污染空气有%d 天,占十月份的%.2f%%"%(light_count,light_
count/31*100))
#优质
good_count=np.sum(njdata[:,[0]]>0)-heavy_count-medium_count-light_count
print("南京十月空气优质的有%d 天,占十月份的%.2f%%"%(good_count,good_
count/31*100))
print("南京十月份AQI 的平均值是%.2f"%np.average(njdata[:,[0]]))
```

输出结果显示：

```
南京十月重度污染空气有 2 天,占十月份的 6.45%
南京十月中度污染空气有 3 天,占十月份的 9.68%
南京十月轻度污染空气有 19 天,占十月份的 61.29%
南京十月空气优质的有 7 天,占十月份的 22.58%
南京十月份 AQI 的平均值是 77.71
```

思考：njdata[:,[0]]的含义是什么？可以将运行结果显示输出看看。

任务 2
鸢尾花数据统计

扫码看视频

 任务书

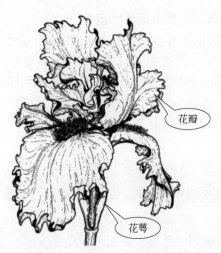

这是一幅鸢尾花的图，在 sklearn 库中有鸢尾花的数据集，可以通过导入该数据集完成相关的数据操作。该数据集包含的内容如表 7-3 所示。

表 7-3　鸢尾花数据含义

序号	名字	含义
1	data	数据具体值
2	feature_names	包含四个特征数据值， sepal length：花萼长度 sepal width：花萼宽度 petal length：花瓣长度 petal width：花瓣宽度
3	target	鸢尾花的形状类别
4	target_name	鸢尾花的三种类别名：setosa、versicolor、virginica

完成对数据的导入、数据统计处理等操作，具体如下：

① 求出鸢尾花花萼萼片的长度和、最小值、最大值、平均值、中位数、标准差、方差（计算第一列）；

② 标准化鸢尾属植物萼片长度；

③ 数据如果为空的填充平均值；

④ 筛选第 1 列<5.0 并且第 3 列>1.5 的数据行。

工作准备

提示 1：Numpy 数组基本算术运算

1. Numpy 数组对象与元素之间算术运算

大家还记得前面列表的运算含义吗？当 a=[2,3,4]，a*2 结果是[2,3,4,2,3,4]，如果是想完成乘 2 的运算 ，在列表中我们需要引入 map 函数，例如，list(map(lambda item:item*2,a))。在 Numpy 的数组中，我们可以直接采用 Numpy 的数组乘某一数完成计算。

示例 1：列表和 Numpy 数组计算对比。

（1）列表计算

```
x=[1,2,3,4,5]
print(x*2)     #返回新数组，[1,2,3,4,5,1,2,3,4,5]
```

输出结果：

[1, 2, 3, 4, 5, 1, 2, 3, 4, 5]

（2）Numpy 数组计算

```
import numpy as np
x=np.array((1,2,3,4,5))
print(x*2)     #返回新数组，[2,4,6,8,10]
print(x/2)     # 返回[0.5, 1., 1.5, 2., 2.5]
print(x//2)    #整除
print(x**3)    #幂运算
print(x+2)     #加法运算
print(x%3)     #取余
```

输出结果：

[2 4 6 8 10]

[0.5 1. 1.5 2. 2.5]

[0 1 1 2 2]

[1 8 27 64 125]

[3 4 5 6 7]

[1 2 0 1 2]

2. 数组之间算术运算

Numpy 算术函数包含简单的加减乘除运算：add()、subtract()、multiply()和 devide()，但需要注意的是参与计算的两个矩阵具有相同的形状且类型一致。

示例2： 数组之间的运算。

```
a = np.arange(12, dtype=np.float_).reshape(4, 3)
print ('第一个数组: ')
print (a)
print ('第二个数组: ')
b = np.array([10, 10, 10])
print (b)
print ('两个数组相加: ')
print (np.add(a, b))
a+b     #同上
print ('两个数组相减: ')
print (np.subtract(a, b))
a-b
print ('两个数组相乘: ')
print (np.multiply(a, b))
a*b
print ('两个数组相除: ')
print (np.divide(a, b))
a/b
print ('转置运算')
print (a.T)
```

输出结果是:

第一个数组:　　　　第二个数组:　　　　两个数组相加:

[[0.　 1.　 2.]　　[10 10 10]　　　　[[10. 11. 12.]

 [3.　 4.　 5.]　　　　　　　　　　　 [13. 14. 15.]

 [6.　 7.　 8.]　　　　　　　　　　　 [16. 17. 18.]

 [9.　 10.　11.]]　　　　　　　　　　 [19. 20. 21.]]

两个数组相减：   两个数组相乘：   两个数组相除：

```
[[-10. -9.  -8.]      [[0.  10.  20.]      [[0.  0.1  0.2]
 [-7.  -6.  -5.]       [30. 40.  50.]       [0.3 0.4  0.5]
 [-4.  -3.  -2.]       [60. 70.  80.]       [0.6 0.7  0.8]
 [-1.   0.   1.]]      [90. 100. 110.]]     [0.9 1.   1.1]]
```

转置运算：

```
[[ 0.  3.  6.  9.]
 [ 1.  4.  7. 10.]
 [ 2.  5.  8. 11.]]
```

提示 2：Numpy 数组的排序

1. sort 语法格式

```
numpy.sort(a, axis, kind, order)
```

作用：返回数组排序之后的副本。

参数含义：

① a：要排序的数组。

② axis：指出待排序数组的排序轴，如果没有数组会被展开，沿着最后的轴排序，axis=0 按列排序，axis=1 按行排序。

③ kind：默认为 'quicksort'(快速排序),还有归并排序、堆排序。

④ order：如果数组包含字段，则是要排序的字段。

2. argsort 语法格式

```
numpy.argsort(a)
```

作用：函数返回的是数组值从小到大的索引值。

示例 3：返回从小到大排序的下标索引。

```
x=np.array([3,1,2])
y=np.argsort(x)
print(y)
```

输出结果：[1,2,0]

分析：x 数组中数字 3 对应的下标索引是 0，数字 1 对应的是 1，数字 2 对应的是 2。

```
print(x[y])
```

输出结果是：[1,2,3]

```
x.sort()
print(x)
```

输出结果是：[1,2,3]

分析：可以看出，sort 原地排序，直接修改了原始的 x 数据内容，而 argsort 只是获取了从小到大的下标索引，需要提取 x 数组中的对应数据构成新的数组。

示例 4：产生 10 个随机数，完成排序。

```
x=np.random.randint(1,100,10)   #产生10个随机数，在1～100之间
y=x[np.argsort(x)]
print(x)
print(y)
```

输出结果是：

[33 66 10 58 33 32 75 24 36 76]

[10 24 32 33 33 36 58 66 75 76]

```
x.sort()
print(x)
```

输出结果是：[10 24 32 33 33 36 58 66 75 76]

示例 5：随机生成 10 个数，获取 10 个数从小到大排序后的后 5 个数的下标索引；其次，保留原有位置不变，获取 10 个数中最大的五个数。

```
x=np.random.randint(1,100,10)
print(x)
np.argsort(x)[-5:]
x[sorted(np.argsort(x)[-5:])]
```

输出结果是：

[32 59 21 78 46 87 13 62 88 30]

[1, 7, 3, 5, 8]

[59, 78, 87, 62, 88]

分析：第一行产生的是 10 个随机数。

第二行获取的是数组值从小到大的索引序列内容，选取最后的五个，即得到最大的五个数的下标索引，但注意这个是数组值排序，索引没有排序，如果让索引再次排序，需要再次 sorted 排序，返回的结果是[1,3,5,7,8]。

第三行获取的是 10 个数中最大的五个数，根据上述得到的排序下标索引在原有的 x 数组中提取数据即可。

示例 6：二维数组排序。

```
x=np.array([[0,3,4],[2,2,1]])
print(x)
```

```
print(np.argsort(x,axis=0))    #二维数组纵向排序，返回下标
print(np.argsort(x,axis=1))    #二维数组横向排序，返回下标
```

输出结果是：

[[0 3 4]

 [2 2 1]]

[[0 1 1]

 [1 0 0]]

[[0 1 2]

 [2 0 1]]

```
x.sort(axis=1)    #原地排序,横向
print(x)
```

输出结果是：

[[0 3 4]

 [1 2 2]]

```
x=np.array([[0,3,4],[2,2,1]])
x.sort(axis=0)    #纵向
print(x)
```

输出结果是：

[[0 2 1]

 [2 3 4]]

提示 3：Numpy 数组的点积运算

Numpy 中的点积运算采用 dot()函数实现，如果是两个一维的数组，计算的是这两个数组对应下标元素的乘积和（在数学公式中，我们称之为内积）；对于二维数组，计算的是两个数组的矩阵乘积。

语法格式：

```
numpy.dot(a, b, out=None)
```

作用：完成两个数组的点积运算。

参数含义：

● a：ndarray 数组。

● b：ndarray 数组。

● out：ndarray, 可选，用来保存 dot()的计算结果。

示例 7：简单点积运算。

Python 基础与数据分析

202

```
a=np.array((1,2,3))
b=np.array((1,2,3))
np.dot(a,b)
a.dot(b)    #向量点积
```

运算结果都是：14

分析：点积运算完成的操作是 1*1+2*2+3*3=14。

示例8：二维数组和一维数组完成点积运算。

```
c=np.array([[1,2,3],[2,2,2],[3,3,3]])
c.dot(a)
```

运算结果是：[14, 12, 18]

相当于分步写：

```
c[0].dot(a)    #第一行元素和 a 点积
c[1].dot(a)    #第二行元素和 a 点积
c[2].dot(a)    #第三行元素和 a 点积
```

也可以按列点积操作：

```
a.dot(c)        #a 数组的与二维数组的每一列完成点积运算
a.dot(c.T[0])
a.dot(c.T[1])
```

运算结果是：[14,15,16]
　　　　　　　14
　　　　　　　15

分析：15 和 16 是如何计算而来的？（1*2+2*2+3*3=15，1*3+2*2+3*3=16）

🐍 **提示 4**：Numpy 数组的切片

（1）一维数组的切片

一维数组索引和切片非常类似于 Python 列表中的切片操作，即从数组中获取部分数据。

示例9：一维数组的简单切片操作。

```
a = np.arange(10)
print(a[3])
print(a[[2,5,7]])#注意必须是[[]]，否则报错，获取得到的是[2,5,7]
b = a[0:7:2]    #从索引 0 开始到索引 7 停止，间隔为 2，显示 0,2,4,6
```

```
print(b)
b=a[1:]        #显示结果1,2,3,4,5,6,7,8,9
print(b)
b=a[-1:]       #-1表示最后一个数，显示结果9
print(b)
b=a[-1::-1]
print(b)
```

输出结果是：

3

[2 5 7]

[0 2 4 6]

[1 2 3 4 5 6 7 8 9]

[9]

[9 8 7 6 5 4 3 2 1 0]

分析：生成的是一个一维数组，长度是 10，数据值是[0,1,2,3,4,5,6,7,8,9]，从第一行开始，a[3]获取到的是下标索引是 3 的数值，即输出是 3；a[[2,5,7]]获取到的是下标索引是 2、5、7 的列数据，所以得到的输出是[2,5,7]；而 a[0:7:2]得到的是从索引 0 开始到索引 7 停止，间隔为 2，得到的结果是 0,2,4,6；a[1:]是从 1 开始的所有数，得到的结果是[1 2 3 4 5 6 7 8 9]；a[−1:]中"−1"表示倒数的最后一个数，所以得到的是 9；而 a[−1::−1]是从最后一个倒着输出，所以得到的结果是[9 8 7 6 5 4 3 2 1 0]。

（2）多维数组的切片

① 创建一个三维数组。

```
a=np.arange(24).reshape(4,2,3)
```

其中 reshape 函数完成不改变数据大小改变形状的作用，将原一维数组按照 2 行 3 列创建三维数组，如果用楼房来表示，即创建了一个四层，每一层是一个 2 行 3 列的房间。

输出结果是（下标索引从 0 开始）：

[[[0   1   2] [3   4   5]] [[6   7   8] [9 10 11]] [[12 13 14] [15 16 17]] [[18 19 20] [21 22 23]]]

② 查找任意一个房间的内容。

```
print(a[0][0][2]) 或 print(a[0,0,2])
```

输出结果：2

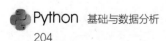

③ 查找第二行、第二列的房间内容。

```
print(a[:,1,1])
```

输出结果：[4,10,16,22]

④ 查找第一层的所有房间内容。

```
print(a[0,:,:])
```

输出结果：[[0 1 2] [3 4 5]]

⑤ 查找第一层第二行的房间内容。

```
print(a[0,1])
```

输出结果：[3 4 5]

⑥ 查找第一层楼第二行第二列开始的房间内容。

```
print(a[0,1,1::])
```

输出结果：[4 5]。其中 1::表示 i:j:k，从 i 开始到 j，步长为 k 取数据。

⑦ 查找第二行的所有房间内容。

```
print(a[:,1,:])
```

输出结果：[[3   4   5] [9 10 11] [15 16 17] [21 22 23]]

提示 5：Numpy 数组的组合

Numpy 数组的组合函数基本有 4 种，其函数名和作用如表 7-4 所示。

表 7-4　组合函数说明表

函数	操作描述
concatenate	连接沿现有轴的数组序列
stack	沿着新的轴加入一系列数组
hstack	水平堆叠序列中的数组（列方向）
vstack	竖直堆叠序列中的数组（行方向）

语法格式：

```
numpy.concatenate((a1, a2, ...), axis)
```

参数含义：a1，a2 等都是 Numpy 数组。

```
numpy.stack(arrays, axis)
```

参数含义：axis 是返回数组中的轴，输入数组沿着它来堆叠。

示例 10：组合操作。

① 创建一个二维数组完成相应操作。

```
a=np.arange(9).reshape(3,3)    #创建一个3行3列数组，内容是从0,1,2到8。
b=2*a
print(b)
```

输出结果：

[[0   2   4]

 [6   8 10]

 [12 14 16]]

② 数组的水平组合。

方法一：

```
print(np.hstack((a,b)))
```

方法二：

```
print(np.concatenate((a,b),axis=1))
```

输出结果：

[[0   1   2   0   2   4]

 [3   4   5   6   8 10]

 [6   7   8 12 14 16]]

③ 数组的垂直组合。

方法一：

```
print(np.vstack((a,b)))
```

方法二：

```
print(np.concatenate((a,b),axis=0))
```

输出结果是：

[[0   1   2]

 [3   4   5]

 [6   7   8]

 [0   2   4]

 [6   8 10]

 [12 14 16]]

④ 二维数组和一维数组的组合。

```
ar1=np.arange(9).reshape(3,3)    #创建一个3行3列数组,内容是从0,1,2到8。
```

完成数组的整体操作

```
ar2=np.array([5,5,5])
```

方法一：

```
np.column_stack((ar1,ar2))
```

方法二：

```
np.c_[ar1,ar2]
```

输出结果都是：

array([[0, 1, 2, 5],

      [3, 4, 5, 5],

      [6, 7, 8, 5]])

如果采用 concatenate 或 hstack 方法：

```
np.concatenate((ar1, ar2),axis=0)
np.hstack((ar1,ar2))
```

输出结果报错，报错信息 ValueError: all the input arrays must have same number of dimensions, but the array at index 0 has 2 dimension(s) and the array at index 1 has 1 dimension(s)

含义是：入口两个参数需要同样的维度大小，一个是两维数组，一个是一维数组，无法合并。

提示 6 ：Numpy 数组的分割

数组的分割方法有三种，具体的函数名和操作描述如表 7-5 所示。

表 7-5　Numpy 数组的分割函数

函数	操作描述
hsplit	按列将一个数组水平分割成多个子数组
vsplit	按行将一个数组垂直分割为多个子数组
split	将一个数组分割为多个子数组

语法格式：

```
numpy.split(array, indices_or_sections, axis)
```

参数含义：

● array：被分割的数组。

● indices_or_sections：如果是一个整数，就用该数平均切分，如果是一个数组，为沿轴切分的位置（左开右闭）。

● axis：设置沿着哪个方向进行切分，默认为 0，横向切分，即水平方向。为 1 时，纵向切分，即竖直方向。

示例 11：分割的简单操作。

```
a=np.arange(9).reshape(3,3)
print(np.hsplit(a,3))   #沿水平方向分割数组变成 3 个相同大小的子数组
```

输出结果是：

[array([[0]，[3]，[6]]),
 array([[1]，[4]，[7]]),
 array([[2]，[5]，[8]])]

```
c=np.vsplit(a,3)
print(c)
```

输出结果是：

[array([[0, 1, 2]]), array([[3, 4, 5]]), array([[6, 7, 8]])]

提示 7：Numpy 数组的去重

数据统计分析过程中，难免会出现"脏"数据，也就是重复的数据，如果采用手动删除方式的话，耗时费力，效率较低。在 Numpy 中，可以通过 unique 函数找到数组中的唯一值并返回已排序的结果。

语法格式：

```
numpy.unique(arr, return_index, return_inverse, return_counts)
```

作用：去除数组中的重复数据。

参数含义：

● arr：输入数组，如果不是一维数组则会展开。

● return_index：如果为 true，返回新列表元素在旧列表中的位置（下标），并以列表形式存储。

● return_inverse：如果为 true，返回旧列表元素在新列表中的位置（下标），并以列表形式存储。

● return_counts：如果为 true，返回去重数组中的元素在原数组中的出现次数。

示例 12：去重操作。

```
a=np.array([1,2,3,3,3,3])
np.unique(a)
```

去重后的结果是：[1,2,3]

提示 8：Numpy 筛选函数

语法格式：numpy.where(条件表达式)

作用：返回输入数组中满足给定条件的元素的索引。

示例 13：筛选出数组中值大于 4 的数据。

```
a = np.array([[3,7,5],[8,4,3],[2,4,9]])
b=np.where(a>4)  #根据条件筛选，数值大于 4 的
print(b)
print(a[b]) #输出满足条件的数据
```

输出结果是：

(array([0, 0, 1, 2]，dtype=int64)，array([1, 2, 0, 2]，dtype=int64))

[7 5 8 9]

提示 9：Numpy 的矩阵

Numpy 包含了大量的矩阵计算工作，支持丰富的矩阵计算。Numpy 中的矩阵必须是二维的。Matrix 是 Array 的一个小的分支，包含于 Array，所以 matrix 拥有 array 的所有特性。NumPy 中包含了一个矩阵库 numpy.matlib，该模块中的函数返回的是一个矩阵，而不是 ndarray 对象。一个 m×n 的矩阵是一个由 m 行（row）n 列（column）元素排列成的矩形阵列。矩阵里的元素可以是数字、符号或数学式。

以数组 a 为例，完成该数组转换成矩阵，并对该矩阵进行转置、点积乘、平方、求平均、最大最小等运算。

示例 14：创建矩阵。

```
a=[3,5,7]
a_mat=np.mat(a)
print(a_mat)
type(a_mat)
```

输出结果是：[[3 5 7]]

numpy.matrix

分析：表明 a_mat 是一个矩阵。

如果将矩阵 a_mat 赋值给 c_mat 矩阵，则改变两个矩阵引用一个位置，一个矩阵值改变，另一矩阵的值跟着变动。

示例 15： 引用矩阵。

```
c_mat=a_mat    #创建一个 a_mat 的引用 c_mat
c_mat=np.mat(a_mat)  #等价于上面的，两个同时引用一个地方
a_mat[0,1]=2   #a_mat 改变后 c_mat 也变动
```

输出结果是：c_mat 和 a_mat 一样都是[3,2,7]

```
a=[3,5,7]
a_mat=np.mat(a)
c=np.matrix(a_mat)    #a_mat 改变后，matrix 不改变，不是创建引用
a_mat[0,1]=2
```

输出结果是：a_mat 值是[3,2,7]，但 c 的值是[3,5,7]，充分说明矩阵创建后，不是引用，因此，修改一个值不改变另一个值。

示例 16： 求矩阵的转置、元素个数、平均、总和、最大值。

```
a_mat.T    #转置
a_mat.shape    #矩阵形状，(1, 3)
a_mat.size    #元素个数
a_mat.mean()    #求平均值
a_mat.sum()    #所有元素之和
a_mat.max()    #最大值
a_mat.max(axis=1)  #横向最大
a_mat.max(axis=0)  #纵向最大
weight=[0.1,0.2,0.7]
print(np.average(a_mat,weights=weight,axis=1))    #加权求和
```

输出结果是：

```
[[3 5 7]]       5.0
[[3]            15
 [5]            7
 [7]]           [[7]]
(1, 3)          [[3 5 7]]
3               [[6.2]]
```

示例 17： 求数组和矩阵平方的区别。

```
b=np.array([[1,3],[4,5]])
b**2
```

输出结果是：

```
array([[ 1,   9],
       [16, 25]]，dtype=int32)
```

```
b=np.mat(b)
b**2
```

输出结果是：

matrix([[13, 18],
        [24, 37]])

分析：数组**2，是指单个元素的平方，矩阵**表示的是点乘，即 b*b。

示例18：点积乘计算。

```
a=[3,5,7]
a_mat=np.mat(a)
b_mat = np.mat((1, 2, 3))
c_mat = a_mat * b_mat.T  # 矩阵相乘，点积乘，类似于a.dot（b）数组
print(c_mat)
```

输出结果是：[[34]]

示例19：矩阵的排序、对角线、平铺。

```
c_mat=np.array([[1,3],[4,5]])  #numpy.ndarray
c_mat=np.mat(c_mat)
print(c_mat.argsort(axis=0))  #纵向排序后的元素序号
print(c_mat.argsort(axis=1))  #横向排序后的元素序号
d_mat=np.mat([[1,2,3],[4,5,6],[7,8,9]])
print(d_mat.diagonal())  #求对角线元素
print(d_mat.flatten()) #矩阵平铺
```

输出结果1（按纵向排序后的下标索引序号）：

[[0 0]
 [1 1]]

输出结果2（按行排序后的下标索引序号）：

[[0 1]
 [0 1]]

输出结果3（对角线元素）：[[1 5 9]]

输出结果4（平铺）：[[1 2 3 4 5 6 7 8 9]]

① 从 Python 自带的 sklearn 的数据集 datasets 中导入鸢尾花数据集。请注意，如果写 "from sklearn.datasets import load_iris" 报错了，即有红色线了，说明 sklearn 没有导入，请参照导入 numpy 包的步骤导入 sklearn 包。

```
import numpy as np
from sklearn.datasets import load_iris
iris=load_iris()
print(iris['data'][:5,])
print(iris['target'][:5,])
```

第一条输出结果是：

[[5.1 3.5 1.4 0.2]

　[4.9 3.　1.4 0.2]

　[4.7 3.2 1.3 0.2]

　[4.6 3.1 1.5 0.2]

　[5.　3.6 1.4 0.2]]

第二条输出结果是：[0 0 0 0 0]

② 将 data 数据和 target 数据合并（target 写的是花的类别，data 数据给出的是花萼、花瓣的长宽）。

```
iris_data=np.c_[iris['data'],iris['target']]
iris_data[:5,:]
```

输出结果是：

array([[5.1, 3.5, 1.4, 0.2, 0.],

　　　　[4.9, 3. , 1.4, 0.2, 0.],

　　　　[4.7, 3.2, 1.3, 0.2, 0.],

　　　　[4.6, 3.1, 1.5, 0.2, 0.],

　　　　[5. , 3.6, 1.4, 0.2, 0.]])

③ 根据花的类别给出具体花名，花名是在 iris['target_names'] 里面。

```
inv=iris['target']
# vals=np.array(['setosa','versicolor','virginica'])
iris_data=np.c_[iris['data'],iris['target_names'][inv]]
iris_data[0:5]
```

输出结果是：

```
array([['5.1', '3.5', '1.4', '0.2', 'setosa'],
       ['4.9', '3.0', '1.4', '0.2', 'setosa'],
       ['4.7', '3.2', '1.3', '0.2', 'setosa'],
       ['4.6', '3.1', '1.5', '0.2', 'setosa'],
       ['5.0', '3.6', '1.4', '0.2', 'setosa']], dtype='<U32')
```

④ 保存到 csv 文件中, 方便后序数据访问。

```
np.savetxt('iris.csv',iris_data,fmt='%s',delimiter=',')
```

⑤ 求出鸢尾花花萼萼片的长度和、最小值、最大值、平均值、中位数、标准差、方差(计算第一列)。

```
outfile='iris.csv'
iris_sepal_length = np.loadtxt(outfile,dtype=float,delimiter=',',
usecols=[0])
print('花萼的长度累计之和是: ',np.sum(iris_sepal_length))
print('鸢尾花花萼的长度最小值: ',+np.amin(iris_sepal_length))
print('鸢尾花花萼的长度最大值: ',+np.amax(iris_sepal_length))
print('鸢尾花花萼的平均值是: ',np.mean(iris_sepal_length))
print('鸢尾花花萼的中位数: ',np.median(iris_sepal_length))
print('鸢尾花花萼的标准差是: ',np.std(iris_sepal_length))
print('鸢尾花花萼的方差是: ',np.var(iris_sepal_length))
```

输出结果是:

```
花萼的长度累计之和是: 876.5
鸢尾花花萼的长度最小值: 4.3
鸢尾花花萼的长度最大值: 7.9
鸢尾花花萼的平均值是: 5.843333333333334
鸢尾花花萼的中位数: 5.8
鸢尾花花萼的标准差是: 0.8253012917851409
鸢尾花花萼的方差是: 0.6811222222222223
```

⑥ 标准化鸢尾属植物萼片长度, 其值正好介于 0 和 1 之间, 这样最小值为 0, 最大值为 1 (第 1 列,sepallength)。

```
aMax = np.amax(iris_sepal_length)
aMin = np.amin(iris_sepal_length)
x = (iris_sepal_length-aMin)/(aMax - aMin)
print(x[0:5])
```

输出结果是：[0.22222222 0.16666667 0.11111111 0.08333333 0.19444444]

⑦ 对单列数据判断如果为空，则填充平均值。首先模拟某一行某一列数据为空，赋值为空值，然后通过判断 isnan() 函数完成判断长度是否为空，对长度为空的数据填充数据，数据计算方法是对长度不为空的数据均值。

```
iris_sepal_length[3] = np.nan  #第3列换成nan，模拟空数据
x = np.isnan(iris_sepal_length)
print(x[0:5])
iris_sepal_length[np.where(x)]=round(np.mean(iris_sepal_length[np.
where(x==False)]),1)
```

输出结果是：[False False False   True False]

最后 iris_sepal_length 中所有 nan 的数据值用非 nan 的平均数替换。

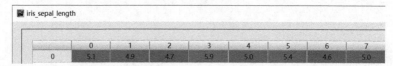

⑧ 重新计算，获取多列的数据值,筛选具有 sepallength(第 1 列)<5.0 并且 petallength(第 3 列)>1.5 的 iris_data 行。

```
iris_sepal_length = np.loadtxt(outfile,dtype=float,delimiter=',',
usecols=[0,1,2,3])
iris_sepallength = iris_sepal_length[:,0]
iris_petallength = iris_sepal_length[:,2]
index = iris_sepal_length[(iris_petallength > 1.5) & (iris_sepallength < 5.0)]
```

数据导入 iris_sepal_length 中，打开可以查看到数据如图 7-4 所示。

	0	1	2	3
0	5.1	3.5	1.4	0.2
1	4.9	3.0	1.4	0.2
2	4.7	3.2	1.3	0.2
3	4.6	3.1	1.5	0.2
4	5.0	3.6	1.4	0.2
5	5.4	3.9	1.7	0.4
6	4.6	3.4	1.4	0.3
7	5.0	3.4	1.5	0.2
8	4.4	2.9	1.4	0.2
9	4.9	3.1	1.5	0.1
10	5.4	3.7	1.5	0.2
11	4.8	3.4	1.6	0.2
12	4.8	3.0	1.4	0.1
13	4.3	3.0	1.1	0.1
14	5.8	4.0	1.2	0.2

图 7-4   导入 iris-sepal-length 中的数据

通过判断第一列<5.0 而且第三列>1.5 的行被取出到 index，最终形成的 index 数据表如图 7-5 所示。

	0	1	2	3
0	4.8	3.4	1.6	0.2
1	4.8	3.4	1.9	0.2
2	4.7	3.2	1.6	0.2
3	4.8	3.1	1.6	0.2
4	4.9	2.4	3.3	1.0
5	4.9	2.5	4.5	1.7

图 7-5　最终数据表

思考：大家可以尝试对第 2 列的数据求取长度和、最小值、最大值、平均值、中位数、标准差、方差。

任务 3
成绩数据统计分析

扫码看视频

🧰 任务书

每学期期末，学校都会根据教师输入的每门课程成绩计算每位同学的总分、平均分、绩点，并按照排名给出最后的班级本学期成绩情况表。同时，同学们还可以查询单科成绩最高分。

原始数据源文件从学校教务数据库中导出本学期的 excel 报表文件，格式转换成 csv 文件，分隔符采用 "，" 分割，首先进行数据清洗工作，凡是不合规范的数据修改为 0 分，比如说 "缺考"，得到数据如图 7-6 所示，该文件名是 "score_numpy.csv"。

学号	姓名	Android开	J2EE体系	J2EE体系	计算机网	软件系统	物联网技
1.62E+11	邓**	62	66	0	42	40	71
1.62E+11	华**	81	68	88	73	85	71
1.62E+11	黄**	48	74	70	79	72	82
1.62E+11	季**	65	31	0	54	44	69
1.62E+11	江**	87	72	88	72	79	68
1.62E+11	李1*	93	61	88	76	67	73
1.62E+11	李2*	69	76	82	75	70	74
1.62E+11	梁**	74	41	72	65	68	68
1.62E+11	刘**	96	74	95	82	78	78
1.62E+11	卢1*	74	60	89	69	58	66
1.62E+11	卢2*	83	85	88	83	90	75
1.62E+11	米**	75	62	73	64	68	69
1.62E+11	钱**	65	75	70	72	66	75
1.62E+11	邱1*	65	60	69	65	44	68
1.62E+11	邱2*	82	61	88	77	87	77
1.62E+11	沈**	87	84	90	85	87	77
1.62E+11	施**	66	60	90	70	77	68
1.62E+11	史**	74	77	72	76	74	71
1.62E+11	孙**	92	76	93	94	97	82
1.62E+11	谭**	72	60	72	76	69	66
1.62E+11	王1*	78	73	88	77	77	72
1.62E+11	王2*	97	79	93	87	96	78

图 7-6　数据清洗后的本学期成绩数据表

 工作实施

1. 导入数据

数据分别导入所有成绩、姓名，并构造第一行数据。

```python
import numpy as np
outfile=r'data/score-numpy.csv'
score = np.loadtxt(outfile,skiprows=1,delimiter=',',usecols=[2,3,4,5,6,7])
name = np.loadtxt(outfile,skiprows=1,delimiter=',',dtype=np.str_,usecols=[1])
title=np.array(['姓名','Android 开发基础','J2EE 体系架构与应用','J2EE 体系结构实训','计算机网络技术','软件系统设计及体系结构','物联网技术导论','总分','平均分','绩点'])
```

分析数据表，Numpy 数组中要求是统一的数据类型，因此，导入的时候如果采用下面的语句，增加了两列数据，则导入报错如下所示，原因在于后面的成绩数据是单精度类型 float 数据，而前面的姓名列是字符串，所以不能一次性导入。

```python
score= np.loadtxt(outfile,skiprows=1,delimiter=',',usecols=[0,1,2,
```

```
3,4,5,6,7])
   ValueError: could not convert string to float: '邓**'
```

正确导入后数据表结果如图 7-7~图 7-9 所示。

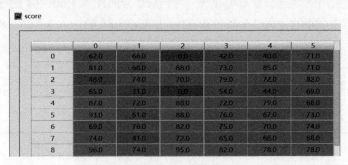

图 7-7　score 表内容

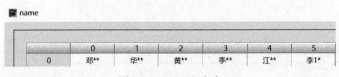

图 7-8　name 表内容

图 7-9　title 表内容

2．计算每个人的总分和平均分

计算每个人的总分和平均分，并分别存储在 scoresum、scoremean 中。

```
scoresum=np.sum(score,axis=1)   #每个人求总分
scoremean=np.mean(score,axis=1).round(2)   #平均分
```

运行结果如图 7-10 所示。

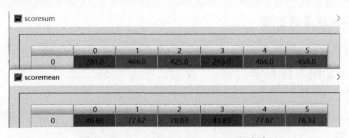

图 7-10　scoresum、scoremean 表内容

3．计算绩点分

① 将成绩表另存入 score1 中，注意，不要用直接复制，引用地址和数据内容复制不一样，详细请见前面的知识点。

② 单科成绩的绩点分计算办法是：小于 60 分的计入 1,60～64 的计入 1.5,65～69 的计入 2,70～74 的计入 2.5,75～79 的计入 3,80～84 的计入 3.5,85～89 的计入 4,90～94 的计入 4.5,95 分以上的是 5。

③ 学生本学期的总绩点=Σ(课程的学分×学生的单科绩点分) /学分总和（小数点后保留两位）。每一门课的学分是固定的，在本案例中学分的值见表 7-6。

表 7-6　学分兑换表

Android 开发基础	J2EE 体系架构与应用	J2EE 体系结构实训	计算机网络技术	软件系统设计及体系结构	物联网技术导论
4	3	2	3	4	3

编码：

```
score1=score.copy()
score1[np.where(score1<60)]=1
score1[np.where(score1>=95)]=5
score1[np.where(score1>=90)]=4.5
score1[np.where(score1>=85)]=4
score1[np.where(score1>=80)]=3.5
score1[np.where(score1>=75)]=3
score1[np.where(score1>=70)]=2.5
score1[np.where(score1>=65)]=2
score1[np.where(score1>=60)]=1.5
学分=np.array([4,3,2,3,4,3])
个人绩点学分乘积=score1.dot(学分)
学分总和=np.sum(学分)
个人绩点=(个人绩点学分乘积/学分总和).round(2)
```

4．合并形成最后的表

```
s_sum=np.c_[name,score,scoresum,scoremean,个人绩点]
```

运行结果如图 7-11 所示。

5．排序

按照绩点从小到大排序，绩点在第 9 列上，所以按照 s_sum[:, 9]取出第 9 列的数据开始排序。

s_sum

	0	1	2	3	4	5
0	邓**	62.0	66.0	0.0	42.0	40.0
1	华**	81.0	68.0	88.0	73.0	85.0
2	黄**	48.0	74.0	70.0	79.0	72.0
3	季**	65.0	31.0	0.0	54.0	44.0
4	江**	87.0	72.0	88.0	72.0	79.0
5	李1*	93.0	61.0	88.0	76.0	67.0
6	李2*	69.0	76.0	82.0	75.0	70.0
7	梁**	74.0	41.0	72.0	65.0	68.0
8	刘**	96.0	74.0	95.0	82.0	78.0
9	卢1*	74.0	60.0	89.0	69.0	58.0

图 7-11　合并后的数据表

方法一：

```
b = s_sum[:, 9]
index = np.lexsort((b,))
scoreallsort=s_sum[index]
```

方法二：

```
scoreallsort = s_sum[s_sum[:,9].argsort()] #按照第 7 列对行排序
```

排序之后将结果合并到原有数据表中。

```
scoreall=np.vstack((title,scoreallsort))
```

运行结果如图 7-12 所示。

scoreall

	0	1	2	3	4	5	6	7	8	9
0	姓名	Android开发基础	J2EE体系架构与应用	J2EE体系结构实训	计算机网络技术	软件系统设计及体系结构	物联网技术导论	总分	平均分	绩点
1	杨**	44.0	72.0	0.0	48.0	35.0	64.0	263.0	43.83	1.32
2	季**	65.0	31.0	0.0	54.0	44.0	69.0	263.0	43.83	1.37
3	邓**	62.0	66.0	0.0	42.0	40.0	71.0	281.0	46.83	1.5
4	严**	47.0	60.0	68.0	66.0	42.0	69.0	352.0	58.67	1.5
5	朱**	74.0	36.0	70.0	38.0	42.0	68.0	328.0	54.67	1.63
6	邱1*	65.0	60.0	69.0	65.0	44.0	68.0	371.0	61.83	1.71
7	徐**	78.0	69.0	78.0	60.0	43.0	64.0	392.0	65.33	1.95
8	缪**	0.0	42.0	69.0	67.0	85.0	64.0	327.0	54.5	1.97
9	梁**	74.0	41.0	72.0	65.0	68.0	68.0	388.0	64.67	2.0
10	卢1*	74.0	60.0	89.0	69.0	58.0	66.0	416.0	69.33	2.03
11	米**	75.0	62.0	73.0	64.0	68.0	69.0	411.0	68.5	2.11

图 7-12　排序后的总表

6. 计算每一门课所有同学的平均分

此时，注意获取的数据是从第 1 行开始到最后一行的所有课程成绩数据的计算均分，设置按照纵向 axis=1 计算。

```
ss=scoreall[1:,1:9:1]
```

```
ss=ss.astype('float')
sn=scoreallsort[:,0]
lmean=np.mean(ss,axis=0).round(2)
```

7. 合并

合并单科均分成绩到总表 scoreall2，其中单科均分需要再加该行的名字"单科均分"，因为考虑到前面总表中第 1 列是姓名，所以这边请读者增加一个名字再合并，否则会报错。

```
scoreall1=np.hstack((['单科均分'],lmean,''))
scoreall2=np.vstack((scoreall,scoreall1))
```

8. 写出到数据表文件

```
outfile=r'data/score_new.csv'
np.savetxt(outfile,scoreall2,fmt='%s',delimiter=',')
```

运行结果：此时的数据表文件如图 7-13 所示。

	A	B	C	D	E	F	G	H	I	J
1	姓名	Android开	J2EE体系	J2EE体系	计算机网	软件系统	物联网技	总分	平均分	绩点
2	杨**	44	72	0	48	35	64	263	43.83	1.32
3	季**	65	31	0	54	44	69	263	43.83	1.37
4	邓**	62	66	0	42	40	71	281	46.83	1.5
26	魏**	95	77	88	67	71	67	465	77.5	3.11
27	吴1*	71	68	78	83	90	77	467	77.83	3.13
28	邱2*	82	61	88	77	87	77	472	78.67	3.18
29	徐1*	82	78	87	82	87	79	495	82.5	3.5
30	刘**	96	74	95	82	78	78	503	83.83	3.63
31	余**	92	74	88	80	92	73	499	83.17	3.66
32	卢2*	83	85	88	83	90	75	504	84	3.76
33	沈**	87	84	90	85	87	77	510	85	3.82
34	芮**	89	75	88	89	94	84	519	86.5	3.87
35	王2*	97	79	93	87	96	78	530	88.33	4.16
36	翁**	97	83	97	89	90	77	533	88.83	4.18
37	孙**	92	76	93	94	97	82	534	89	4.21
38	吴2*	97	90	97	81	97	80	542	90.33	4.45
39	单科平均分	74.3	67.35	75.14	72.3	72.95	72.54	434.57	72.43	

图 7-13　最后输出文件的部分内容

9. 计算最高分

根据用户输入选项计算某一单科成绩的最高分是哪些同学。

```
print(title[1:-2])
choice=eval(input("输入计算哪一门课的成绩"))
temp=np.where(scoreall2[1:,choice].astype(float)==np.max(scoreall
2[1:,choice].astype(float)))
```

```
temp=np.array(temp)+1
最高分=scoreall2[temp,:]
```

分析：astype()函数完成数据转换，由于前期合并操作，不管是 float 数据还是字符串数据，只要合并在一起形成的新的数据类型都是字符串，所以前期得到的 scoreall2 表的数据是字符串数据，如果进行比较"=="操作时会提示如下错误：

TypeError: cannot perform reduce with flexible type

因此，需要对数据进行格式化转换，转换成 float 类型。

运行结果：首先需要用户输入选择第几门课获取最高分。

根据第一门课进行最高分计算的结果如图 7-14 所示。

最高分

	0	1	2	3	4	5
0	王2*	97.0	79.0	93.0	87.0	96.0
1	翁**	97.0	83.0	97.0	89.0	90.0
2	吴2*	97.0	90.0	97.0	81.0	97.0

图 7-14　最高分的学生名册

思考 1：读者可以自行生成最低分的同学花名册。

_____

_____

_____

_____

思考 2：读者可以将其中的计算绩点部分的代码替换成采用 average 函数完成绩点的加权求平均，权重是学分。

_____

_____

_____

_____

编写代码并运行

① 创建长度为 10 的零向量。

② 创建一个值域为 10 到 49 的向量。

③ 将一个向量进行反转（第一个元素变为最后一个元素）。

④ 创建一个 3×3 的矩阵，值域为 0 到 8。

⑤ 从数组[1, 2, 0, 0, 4, 0]中找出非 0 元素的位置索引。

⑥ 创建一个长度为 30 的随机向量，并求它的平均值。

⑦ 创建一个 8×8 的国际象棋棋盘矩阵（黑块为 0，白块为 1）。

⑧ 如何获得昨天、今天和明天的日期？

⑨ 用 5 种不同的方法提取随机数组中的整数部分。

⑩ 如何判断两随机数组相等。

项目八

Pandas 统计分析

学习目标

知识目标

- ◎ 理解 Pandas 中 Series、DataFrame 数据结构的具体内涵。
- ◎ 理解数据切片的含义。
- ◎ 理解数据统计分析的方法。
- ◎ 了解其他数据文件的导入操作。
- ◎ 了解 Pandas 和 NumPy 之间的区别和应用。

能力目标

- ◎ 能完成 Pandas 组件库的安装。
- ◎ 能使用 Pandas 的两种数据结构完成数据的存储和使用。
- ◎ 能导入导出后缀是 csv 的格式文件到 DataFrame 表中。
- ◎ 能在 DataFrame 表中完成数据的去重、去空、切片、筛选、删除、增加、修改等操作。
- ◎ 具有充分利用统计分析方法完成数据的统计分析工作的能力。

Pandas 部分是数据分析的一个重要工具库，Pandas 是使数据分析工作变得更快更简单的高级数据结构和操作工具。Pandas 是基于 NumPy 构建的，让以 NumPy 为中心的应用变得更加简单。本项目重点讲解的是 Pandas 的基本使用方法、操作函数和简单的统计学分析方法，如果读者有兴趣在数据的可视化处理或者数据识别、预测方面发展，可以采用其他参考书继续完成后续的深入学习。

任务 1
招聘数据分析

扫码看视频

 任务书

利用数据表文件 job_info.csv 提供的数据格式（表 8-1），完成对应数据的导入操作、筛选、正则应用等工作，具体工作要求如下：

① 获取某一时间的岗位招聘信息；

② 获取工作地点在"深圳"的数据分析师招聘信息；

③ 获得每个岗位的最低工资与最高工资。

```
zjtd公司, 数据产品经理, 北京, 2万-3.5万/月, 09-03
jgw公司, 数据产品经理, 长沙, , 09-03
lyjs公司, 数据产品经理, 上海-静安区, , 09-03
bdzx网络技术(北京)有限公司..., 数据产品经理, 北京, 2万-4万/月, 09-03
xc旅行网业务区, 数据产品经理, 上海-长宁区, 1.5万-2万/月, 09-03
jj投资(中国)有限公司南京分公..., 数据产品经理, 南京, , 09-03
albb集团, 数据产品经理, 北京, , 09-03
hzsmzy有限公司, 数据产品经理, 北京, 0.8万-1.5万/月, 09-03
ktbl物流有限公司, 数据产品经理, 苏州, 4.5千-6千/月, 09-03
snd电气(中国)有限公司, 数据产品经理, 北京, , 09-03
IB公司, 数据产品经理, 北京, 2万-4万/月, 09-03
hr研究开发有限公司, 数据产品经理, 上海-浦东新区, 1.5万-2万/月, 09-03
szstx计算机系统有限公司, 数据产品经理, 深圳, , 09-03
zjhw通信技术有限公司, 数据产品经理, 杭州, 1万-1.5万/月, 09-03
tpy保险在线服务科技有限公司深..., 数据产品经理, 东莞-南城区, 4.5千-6千/月, 09-03
shcg文具股份有限公司, 数据产品经理, 上海-松江区, 0.8万-1万/月, 09-03
szsdjcx科技有限公司, 数据产品经理, 深圳-南山区, 1万-1.5万/月, 09-03
snyg集团股份有限公司, 数据产品经理, 南京, 1.5万-2万/月, 09-03
```

图 8-1　原始数据库表文件格式（job_info.csv）

 工作准备

提示 1：安装 Pandas

　　Pandas 的安装和 NumPy 的安装完全一致，可以考虑采用界面方式安装，也可以采用命令行 pip 完成安装。本部分将介绍采用界面方式安装，在菜单中找到 file→default Settings，显示如图 8-2 所示的界面，点击 Project Interpreter，显示目前已

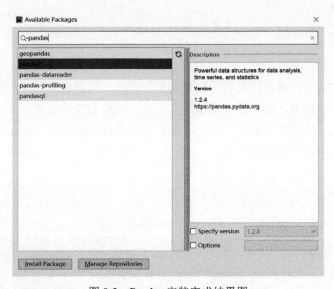

图 8-2　Pandas 安装完成结果图

安装好的包，点击界面右上侧的加号，显示如图 8-2 界面，搜索框中输入 pandas，点击 Install Package，安装完成。

也可以采用命令完成第三方库安装。

此时，读者就可以直接使用 Pandas 了，使用之前需要在文件最前面导入 Pandas 包：

```
import pandas as pd
```

因此，只要你在代码中看到 pd，就得想到这是 Pandas。因为 Series 和 DataFrame 用的次数非常多，所以将其引入本地命名空间中会更方便。

提示 2：Pandas 数据结构 Series

使用 Pandas 需要熟悉它的两个主要的数据结构：Series 和 DataFrame。这两种数据结构为大多数应用提供了一种可靠的、易于使用的基础。其中，Series 是一维的，类似于一维数组的对象，它由一组数据以及一组与之相关的索引组成，可以由一组数据产生最简单的 Series。

1. 创建 Series

举例：

```
from pandas import Series,DataFrame
obj=Series([1,2,3,4])
print(obj)
```

输出结果显示：

```
0    1
1    2
2    3
3    4
```

从输出结果可以看出，左边一列是索引，右边一列是索引对应的数据内容值，但是在创建的过程中，我们是没有指定索引的，系统会自动创建一个 0 到 $N-1$（N 为数据的长度）的整数型索引。此时，我们可以通过 Series 的 values 和 index 属性获取其数组表示形式和索引对象。

举例：

```
obj.values
```

输出结果是：array([1, 2, 3, 4], dtype=int64)

```
obj.index
```

输出结果是：RangeIndex(start=0, stop=4, step=1)

分析：RangeIndex 是 Pandas 的一个函数，创建一个整数数列的索引。

语法格式：

```
RangeIndex(start=None, stop=None, step=None)
```

举例：

```
obj=Series([1,2,3,4],index=pd.RangeIndex(2,6,1))
print(obj)
```

输出结果是：

```
2    1
3    2
4    3
5    4
```

通常，我们希望所创建的 Series 带有一个可以对各个数据点进行自定义的索引，举例：

```
obj2=Series([1,2,3,4],index= ['a','c','b','d'])
print(obj2)
```

输出结果是：

```
a    1
c    2
b    3
d    4
```

输入：obj2.index

输出结果是：Index(['a', 'c', 'b', 'd'], dtype='object')

在自定义的索引中，可以是数字、字符或者是字符串，举例：

```
obj4=Series([14,26,45],index=['first','second','third'])
print(obj4)
```

输出结果是：

```
first     14
second    26
third     45
dtype: int64
```

2. 访问 Series

与普通 Numpy 数组相比，我们可以通过索引来选取 Series 中的单个或一组值，访问上面的 obj2 对象，举例：

```
obj2 ['a']
```

输出结果是：1

如果采用的访问方式是：

```
obj2[0]
```

输出结果是：1

分析发现，有了索引后，访问方式有了两种，一种是通过索引访问，另一种是通过原来的数组下标访问，但如果检索了不在表列里面的索引，比如说：

```
obj2['e']
```

输出结果是报错信息：

```
TypeError: 'str' object cannot be interpreted as an integer
```

但如果给定的 Series 索引就是数字，访问的方式只能是数字下标，比如说：

```
obj3=Series([14,26,45],index=[1,2,3])
obj3 [1]    #当前的索引，输出 14
obj3 [0]    #报错 KeyError: 0
```

既然能够访问，则可以通过访问修改数据项内容，举例：

```
obj2 ['d'] =6
print(obj2)
```

则索引是‘d’的数据内容被修改为6。

输出结果是：

```
a    1
c    2
b    3
d    6
```

如果访问 Series 的多个索引内容，不是全部，则可以这样访问：

```
obj2[['c','a','d']]
```

输出结果是：

```
Out[29]:
c    2
a    1
d    6
```

Series 进行运算时，过滤、乘法、数学函数的使用等都会保留索引和数值之间的对应关系，举例：

```
obj2[obj2>0]
```

```
obj2*2
import numpy as np
obj2/np.average(obj2)
```

输出结果是:

Out[37]:	a	2	a	0.333333
	c	4	c	0.666667
b	3	b	6	b	1.000000
d	6	d	12	d	2.000000

3. 给 Series 追加元素

语法格式:

```
Series.append(to_append, ignore_index=False, verify_integrity=False)
```

参数含义:

to_append: Series 或者是 Series 的列表或元组。

ignore_index: 布尔类型, 默认值是 False, 如果是 True, 返回 0,1,2, …,n-1

返回值是增加数据后的 Series 序列。

举例:

```
a=Series([14,26,45],index=['first','second','third'])
# a.append('2')不能直接增加某一具体数值
a=a.append(Series(['2'],index=['forth']))
```

输出结果是:

```
first     14
second    26
third     45
forth      2
```

4. 修改索引

```
a.index[1]='fi'  # Index does not support mutable operations
l=list(a.index)
l[3]='fi'
a.index=l
```

第一条语句会报错, 报错信息是 Index does not support mutable operations。可以考虑采用将 a 对象的 index 存放成 list 列表, 然后修改列表的内容, 将列表的数据赋值给 a 的 index 值, 即可得到如下输出结果, 即 a 对象的索引被改变:

```
first      14
second     26
third      45
fi          2
```

当然，也可以直接赋值 a 的下标，索引全部数据内容。

```
a.index=[2,2,3,4]
```

输出结果是所有的索引都修改：

```
2      14
2      26
3      45
4       2
```

5. 判断数据内容或者索引是否存在

```
'2' in a.values   #判断值是否存在
2 in a.values
0 in a.index      #判断索引是否存在
```

输出结果是：

```
In[60]: '2' in a.values
Out[60]: True
In[61]: 2 in a.values
Out[61]: False
In[62]: 0 in a.index
Out[62]: False
```

6. 切片操作

Series 的数据切片操作类似于列表，在上述例子中，数组 a 举例：

```
a[1:3:2]
```

输出结果是： 2   26

```
a[[3,4]]
```

输出结果是：

```
3      45
4       2
```

```
a[[0,2,1]]#索引注意唯一
```

输出结果是：

0	NaN
2	14
2	26
1	NaN

```
a=Series([14,26,45],index=['first','second','third'])
a[["first","second"]]
```

输出结果是：

first	14
second	26

提示 3：Pandas 数据结构 DataFrame

相比较 Series 一维而言，DataFrame 是一个类似于表格的数据结构，它含有一组有序的列，每列可以是不同的值类型（数值、字符串、布尔值等）。DataFrame 既有行索引也有列索引，它可以看作是由 Series 组成的字典（共用同一个索引）。每个 DataFrame 对象可以看作一个二维表格，由索引、列名和值三部分组成，如图 8-3 所示。

	公司	岗位	工作地点	薪水待遇	发布时间
1	公司	岗位	工作地点	薪水待遇	发布时间
2	zjtd公司	数据产品经理	北京	2万-3.5万/月	9月3日
3	jgw公司	数据产品经理	长沙		9月3日
4	lyjs公司	数据产品经理	上海-静安区		9月3日
5	bdzx网络技术（北京）有限公司...	数据产品经理	北京	2万-4万/月	9月3日
6	xc旅行网业务区	数据产品经理	上海-长宁	1.5万-2万/月	9月3日
7	jj投资（中国）有限公司南京分公...	数据产品经理	南京		9月3日
8	albb集团	数据产品经理	北京		9月3日
9	hzsmzy有限公司	数据产品经理	北京	0.8万-1.5万/月	9月3日
10	ktbl物流有限公司	数据产品经理	苏州	4.5千-6千/月	9月3日
11	snd电气（中国）有限公司	数据产品经理	北京		9月3日
12	IB公司	数据产品经理	北京	2万-4万/月	9月3日

图 8-3 DataFrame 的索引、列名和值

1. DataFrame 构建

构建 DataFrame 的办法有很多，最常用的一种是直接传入一个由等长列表或 NumPy 数组组成的字典。

语法格式：

```
pandas.DataFrame( data, index, columns, dtype, copy)
```

① data：一组数据(ndarray、series, map, lists, dict 等类型)。

② index：索引值，或者可以称为行标签。

③ columns：列标签，默认为 RangeIndex (0, 1, 2, …, n) 。

④ dtype：数据类型。

⑤ copy：拷贝数据，默认为 False。

示例：创建 Pandas。

```
import pandas as pd
data={'公司'：  ['zjtd 公司','jgw 公司','ktbl 物流有限公司','hr 研究开发有
限公司','snyg 集团股份有限公司'],
  '工作地点'：  ['北京','北京','苏州','上海','南京'],
  '月薪(万)'：  [2,2.5,0.6,1.5,1.5] }
frame=pd.DataFrame(data)
print(frame)
```

此时，没有给出索引 index 列，DataFrame 创建之时会自动加上索引（跟 Series 一样），且是有序排列。

当输出结果发现每一列不能自动对齐时，设置命令行的显示输出效果，如下参考代码：

```
pd.set_option('display.unicode.ambiguous_as_wide', True)
pd.set_option('display.unicode.east_asian_width', True)
pd.set_option('display.width',5000)
```

输出结果是：

	公司	工作地点	月薪(万)
0	zjtd 公司	北京	2.0
1	jgw 公司	北京	2.5
2	ktbl 物流有限公司	苏州	0.6
3	hr 研究开发有限公司	上海	1.5
4	snyg 集团股份有限公司	南京	1.5

当指定了列序列时，DataFrame 的列就会按照指定顺序进行排列。

举例：

```
pd.DataFrame(data,columns = ['月薪(万)','公司','工作地点'])
```

输出结果是：

	月薪(万)	公司	工作地点
0	2.0	zjtd 公司	北京
1	2.5	jgw 公司	北京
2	0.6	ktbl 物流有限公司	苏州
3	1.5	hr 研究开发有限公司	上海
4	1.5	snyg 集团股份有限公司	南京

当指定 index 和列序列，同时，给出的列序列在数据中找不到时，就会产生 NA 值。

举例：

```
frame1=pd.DataFrame(data,columns= ['公司','工作地点','月薪(万)','发布时间'],index= ['one','two','three','four','five'])
print(frame1)
```

输出结果是：

	公司	工作地点	月薪(万)	发布时间
one	zjtd 公司	北京	2.0	NaN
two	jgw 公司	北京	2.5	NaN
three	ktbl 物流有限公司	苏州	0.6	NaN
four	hr 研究开发有限公司	上海	1.5	NaN
five	snyg 集团股份有限公司	南京	1.5	NaN

2. DataFrame 访问

通过类似字典标记的方式或属性的方式，可以将 DataFrame（采用创建中的第一种方法，自行创建索引的方法获取数组）的列获取为一个 Series：

访问单列的方式：

```
frame1["公司"] 或  frame1.公司
```

输出结果是：

```
one       zjtd 公司
two       jgw 公司
three     ktbl 物流有限公司
four      hr 研究开发有限公司
five      snyg 集团股份有限公司
Name:     公司, dtype: object
```

如果访问多列，则采用：

```
frame[['公司','月薪(万)']] #获取列名是'公司''月薪（万）'的两列数据
frame[frame.columns[0:2]] #获取第 1~2 列两列数据
```

也可以采用 head 或者 tail 完成获取数据，表示从头或从尾开始获取连续的多少条数据。

```
frame.head()    #获取所有数据
frame.tail()    #获取所有数据
```

```
frame.head(1)    #获取第 1 条数据
frame.tail(2)    #获取最后 2 条数据
```

还可以采用 loc、iloc 实现数据获取。loc 函数是通过获取 DataFrame 的行标签索引完成切片访问工作，iloc 函数与之有所区别，其接收的必须是行号位置，因此必须是一个数字。

```
frame.loc[1:3]    #获取从下标行索引从 1 到 3 的数据，输出结果见图 8-4（a）
frame.loc[1:3,"月薪(万)"]    #从上面的数据中只获取"月薪"列的数据，输出结果见
图 8-4（b）
frame.loc[frame["月薪(万)"]>2]    #获取"月薪"列大于 2 万的所有数据，输出结果
见图 8-4（c）
frame.iloc[1]    #从 DataFrame 中获取下标索引是 1 的行数据,输出结果见图 8-4(d)
frame.iloc[[1,4]] #从 DataFrame 中获取下标索引是 1 和 4 的行数据,输出结果见图 8-4(e)
```

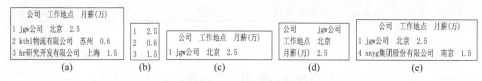

图 8-4　输出结果截图

当索引数据修改为字符时，如果通过数字访问会报出错信息。

```
frame2=frame
frame2.index=["a","b","c","d","e"]
frame2.loc[0]    #报错
```

输出结果是：

```
TypeError: cannot do label indexing on <class 'pandas.core.indexes.
base.Index'> with these indexers [0] of <class 'int'>
```

此时，数据的访问通过多行、多列指定访问数据块的方式，举例：

```
frame2.loc["a"]    #获取指定行数据
frame2.loc["b",['工作地点','月薪(万)']]    #获取 b 行的 a 和 c 列内容
frame2.loc["a":"d":2,['公司','工作地点']]    #获取行 a~d，隔 1 个，获取 a、c 列
frame2.loc[:,['公司']]    #获取 c 列的所有行
```

3. 修改 DataFrame

通过设置属性 index 来修改 DataFrame 的索引，举例：

```
frame.index=[0,2,3,4,5] #读者可以尝试采用 frame.index= range(0,6)
```

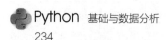

```
frame.columns=['y','p','s']        #重置列名
```

	y	p	s
0	zjtd 公司	北京	2.0
2	jgw 公司	北京	2.5
3	ktbl 物流有限公司	苏州	0.6
4	hr 研究开发有限公司	上海	1.5
5	snyg 集团股份有限公司	南京	1.5

通过设置 columns 属性值修改 DataFrame 的列名，举例：

```
frame.columns = ['公司','工作地点','月薪(万)'];
frame.set_index('月薪(万)',inplace=True)
```

通过以上访问方式可以将获取到的数据行列进行修改，举例：

```
frame.loc[3,"工作地点"]="北京"
frame.loc[frame["工作地点"]=="北京","月薪(万)"]+=1
```

第一条语句执行后将下标索引是 3 的工作地点修改为"北京"，第二条语句是将工作地点是北京的月薪全部增加一万。输出结果是：

	公司	工作地点	月薪(万)
0	zjtd 公司	北京	3.0
1	jgw 公司	北京	3.5
2	ktbl 物流有限公司	苏州	0.6
3	hr 研究开发有限公司	北京	2.5
4	snyg 集团股份有限公司	南京	1.5

4. 增加一行或一列

列可以通过赋值的方式进行创建。例如，我们可以给那个空的"发布时间"列赋上一个具体值或一组值，举例：

```
frame1['发布时间'] ='2021 年 6 月 13 日'
```

输出结果是：

	公司	工作地点	月薪(万)	发布时间
one	zjtd 公司	北京	2.0	2021 年 6 月 13 日
two	jgw 公司	北京	2.5	2021 年 6 月 13 日
three	ktbl 物流有限公司	苏州	0.6	2021 年 6 月 13 日
four	hr 研究开发有限公司	上海	1.5	2021 年 6 月 13 日
five	snyg 集团股份有限公司	南京	1.5	2021 年 6 月 13 日

将列表或数组赋值给某个列时，其长度必须跟 DataFrame 的长度相匹配。如果赋值的是一个 Series，就会精确匹配 DataFrame 的索引，所有的空位都将被填上缺失值，举例：

```
val=pd.Series(['大数据开发工程师','数据标注','数据分析工程师'],index=
['two','four','five'])
frame1 ['岗位'] =val
```

输出结果是：

	公司	工作地点	月薪(万)	发布时间	岗位
one	zjtd 公司	北京	2.0	2021年6月13日	NaN
two	jgw 公司	北京	2.5	2021年6月13日	大数据开发工程师
three	ktbl 物流有限公司	苏州	0.6	2021年6月13日	NaN
four	hr 研究开发有限公司	上海	1.5	2021年6月13日	数据标注
five	snyg 集团股份有限公司	南京	1.5	2021年6月13日	数据分析工程师

通过某一已知列创建新列，根据工作地点是否在"北京"，满足某一条件的新列值为"True"，否则为"False"，举例：

```
frame1 ['是否在北京？'] =frame1.工作地点=='北京'
```

输出结果是：

	公司	工作地点	月薪(万)	发布时间	岗位	是否在北京？
one	zjtd 公司	北京	2.0	2021年6月13日	NaN	True
two	jgw 公司	北京	2.5	2021年6月13日	大数据开发工程师	True
three	ktbl 物流有限公司	苏州	0.6	2021年6月13日	NaN	False
four	hr 研究开发有限公司	上海	1.5	2021年6月13日	数据标注	False
five	snyg 集团股份有限公司	南京	1.5	2021年6月13日	数据分析工程师	False

提示：通过索引方式返回的列只是相应数据的视图而已，并不是副本。因此，对返回的 Series 所做的任何修改全都会反映到源 DataFrame 上。通过 Series 的 copy 方法即可显式地复制列。修改也可以通过访问的方式再加赋值实现，读者可以自行尝试采用上面阐述的 loc 函数、iloc 函数完成修改操作。

通过创建新的一个 DataFrame，增加一行新的数据，举例：

```
new=pd.DataFrame({
    '公司':'暂定',
    '工作地点':'暂定'
},index=[1])
frame1=frame1.append(new,ignore_index=True)
```

输出结果是将新增的行增加到原有 frame1 表的最后一行，部分数据在新增的表中没有的，则赋值的时候产生的是"nan"数据。

5. 删除一行或一列

```
frame1.drop([5],axis=0)    #删除刚插入的一行，但由于没有赋值给 frame1，数据
还存在
frame1.drop(["是否在北京？"],axis=1)   #删除列
```

读者注意，这里的 drop 是负责完成删除操作，但是 frame1 的内容没有改变，如果想在 frame1 中保留删除结果，需要赋值操作。

```
frame1=frame1.drop([5],axis=0)
frame1=frame1.drop(["是否在北京？"],axis=1)
```

当然，也可以采用提取部分数据的方法，相当于删除操作，举例：

```
frame1.loc[1,"发布时间"]="2020 年 6 月 11 日"
frame3 = frame1.loc[frame1["发布时间"].str[0:4]=='2021']
```

将第 2 行的发布时间修改为"2020 年 6 月 11 日"，提取所有的发布时间是"2021"的，可以截取字符串从第 1 到第 4 个字符，然后匹配是否为"2021"年，如果是提取该数据存储到 frame3 中，完成了 frame3 中对 frame1 的数据删除工作。

frame3 的输出结果是：

	公司	发布时间	岗位	工作地点	月薪（万）
0	zjtd 公司	2021 年 6 月 13 日	NaN	北京	2.0
2	ktbl 物流有限公司	2021 年 6 月 13 日	NaN	苏州	0.6
3	hr 研究开发有限公司	2021 年 6 月 13 日	数据标注	上海	1.5
4	snyg 集团股份有限公司	2021 年 6 月 13 日	数据分析工程师	南京	1.5

提示 4：数据导入操作

数据可以存储在文本文件、csv 文件和 excel 文件中，Pandas 通过 read 对应的函数完成相应的数据读入并存储到 DataFrame 中。

1. 导入文本文件

文本文件存在于计算机文件系统中，是一种典型的顺序文件，是由若干行字符构成的计算机文件。通常，通过在文本文件最后一行后面放置文件结束标志来指明文件的结束。csv 文件以纯文本形式存储表格数据（数字和文本）。纯文本意味着该文件是一个字符序列，不含像二进制数字那样必须被解读的数据。csv 文件由任意数目的记录组成，记录间以某种换行符分隔；每条记录由字段组成，字段间的分隔符是其他字符或字符串，最常见的是逗号或制表符。csv 是一种通用的、相对简单的文件格式，被广泛应用。最广泛的应用是在程序之间转移表格数据，而这些程序本身是在不兼容的格式上进行操作的。因为大量程序都支持某种 csv 变体，所以至少可作为一种可选择的输入/输出格式。

```
import pandas as pd
df=pd.read_csv(r'data/job_info.csv',encoding='GBK',header=None)
df.head()
df=pd.read_table(r'data/job_info.csv',sep=',',encoding='GBK',header=None)
df.head()
```

结果，可以看出两种操作方法结果一致，如果采用 read_table 方法不指定分隔符是 ","，则得到的数据只有一列，默认的分隔符是 "\t"（一个制表位）。由于字符编码是中文。因此，给出 encoding 编码方式是 GBK。r：表示当前格式内容原样输出。比如说：print('sd\n')，输出的是 sd 回车换行，而采用 print(r'sd\n')，输出的就是 sd\n 字符，表 8-1 给出 read_table 和 read_csv 两个函数可以包含的参数的具体含义。

表 8-1　read_table 和 read_csv 函数的参数表

序号	参数值	含义
1	filepath_or_buffer	文件路径字符串、路径对象或类文件对象
2	sep	分隔符，默认值：read_table 是"\t";read_csv 是","
3	header	标题行的行号，默认值 0，如果没有列名，就应该设置为 None
4	skiprows	可选，定义文件头部跳过的行数
5	nrows	可选，定义要读取的行数
6	encoding	用于 unicode 编码方式，通常是 utf-8

2. 导入 excel 文件

除了文本文件外，pandas 支持从 excel 文件中导入数据。

```
df=pd.read_excel(r'data/job_info.xls',sheet_name="job",header=None)
df.head()
```

其中，在此函数中增加了 sheet_name 字段，可以给出工作表的名称，表示从 excel 表中获取一张工作表，通过访问表格中该工作表获取数据。此外，表 8-1 中的参数值可以继续使用。

3. 数据库导入操作

① 完成 pymysql 的导入。

```
pip install pymysql -i https://pypi.tuna.tsinghua.edu.cn/simple;
```

② 创建一个数据库 data_ship_w，将 roads.sql 文件导入 mysql 数据库中。

③ 编码 Python 代码完成数据读入操作。

```
import pymysql
dbconn=pymysql.connect(host="localhost",database="data_ship_w",user=
"root",password="123456",port=3306,charset='gbk')
sqlcmd="select * from roads"
a=pd.read_sql(sqlcmd,dbconn)
dbconn.close()
```

输出 a 显示结果：

```
      id   no     lon     lat    number      road           city
0      1    0   120.49   32.1      238      南通-南通         南通
1      2    1   120.49   32.1      238      南通-南通         南通
2      3    0   120.49   32.1       11      南通-芜湖         南通
3      4    1   118.22   31.22      11      南通-芜湖         芜湖
4      5    0   120.49   32.1       98      南通-南京         南通
..   ...   ..     ...     ...      ...       ...            ...
293  294    1   117.10   39.6        1      宁波-天津         天津
294  295    0   121.31   29.52       1      宁波-格拉德斯通     宁波
295  296    1   151.33   24.15       1      宁波-格拉德斯通     格拉德斯通
296  297    0   121.31   29.52       1      宁波-波特兰        宁波
297  298    1   141.36   38.20       1      宁波-波特兰        波特兰
[298 rows x 7 columns]
```

🐍 提示 5 ：数据导出操作

1. 导出到 csv 文件

```
df.to_csv("ans_0.csv",sep=' ',header=False,index=False)
```

2. 导出到 excel 文件

```
df.to_excel(r'ans_0.xlsx',index=False)
```

3. 导出到 mysql 数据库中
- 导入 sqlalchemy；
- 编写成代码导入数据库表。

```
from sqlalchemy import create_engine
engine=create_engine("mysql+pymysql://root:123456@localhost:3306/
data_ship_w?charset=utf8")
df.to_sql(name="rd",con=engine,if_exists='append',index=False)
```

注意：编码 utf8，数据库文件的编码模式也需要改变成 utf8。

工作实施

① 导入 pandas 包操作。

```
import pandas as pd
import re
import numpy as np
```

② 读取数据并存为一个名叫 job_info 的数据库。

```
job_info=pd.read_csv('./data/job_info.csv',encoding='GBK',header=None)
```

③ 将列命名为： [' 公司 ',' 岗位 ',' 工作地点',' 工资',' 发布日期]。

```
job_info.columns=['公司', '岗位', '工作地点', '工资', '发布日期']
```

④ 获取 9 月 3 日发布的招聘信息。

```
index3 = job_info['发布日期']=='09-03'
job_info[index3]
```

⑤ 找出工作地点在深圳的数据分析师招聘信息。

```
y=lambda x:'深圳' in x  #自定义 lambda 函数
y('深圳南京')  #测试
index4=job_info['工作地点'].apply(y) & (job_info['岗位']=='数据分析师')
#需要列表中每一列判断是否包含深圳,自定义函数,apply 作用是将 y 函数应用于一个序列中的
每一个元素
job_info[index4]
```

⑥ 取出每个岗位的最低工资与最高工资，单位是"元/月"，（如 2 万～2.5 万/月，则最低工资为 20000 元，最高工资为 25000 元）。

```python
def get_min_max(string=None):
try:
    if string[-3]=='万':
        x=[float(i)*10000 for i in re.findall('\d+\.*\d*',string)]
elif string[-3]=='千':
        x=[float(i) * 1000 for i in re.findall('\d+\.*\d*', string)]
    elif string[-3]=='元':
        x=[float(i) for i in re.findall('\d+\.*\d*', string)]
    if string[-1]=='年':
        x=[i/12 for i in x]
    return x
except:
    return np.nan
```

● 测试函数。

```python
get_min_max('20万-35万/年')
get_min_max('1万-2万/月')
get_min_max(None)
```

● 实现岗位的最低工资和最高工资获取，产生新的一列。

```python
mid=job_info["工资"].apply(get_min_max)
job_info['最低月薪']=mid.str[0]
job_info['最高月薪']=mid.str[1]
```

⑦ 将结果输出到文件 "ans_0.csv" 中。

```python
job_info.to_csv(r'ans_0.csv',sep='',header=True,index=False,encoding='gbk')
```

打开文件呈现：

```
ans_0.csv - 记事本
文件(F) 编辑(E) 格式(O) 查看(V) 帮助(H)
公司,岗位,工作地点,工资,发布日期,最低月薪,最高月薪
zjtd公司,数据产品经理,北京,2万-3.5万/月,09-03,20000.0,35000.0
jgw公司,数据产品经理,长沙,,09-03,,
lyjs公司,数据产品经理,上海-静安区,,09-03,,
bdzx网络技术（北京）有限公司...,数据产品经理,北京,2万-4万/月,09-03,20000.0,40000.0
xc旅行网业务区,数据产品经理,上海-长宁区,1.5万-2万/月,09-03,15000.0,20000.0
jj投资（中国）有限公司南京分公...,数据产品经理,南京,,09-03,,
albb集团,数据产品经理,北京,,09-03,,
hzsmzy有限公司,数据产品经理,北京,0.8万-1.5万/月,09-03,8000.0,15000.0
ktbl物流有限公司,数据产品经理,苏州,4.5千-6千/月,09-03,4500.0,6000.0
snd电气（中国）有限公司,数据产品经理,北京,,09-03,,
```

思考：如何获取最高工资待遇的公司和岗位？

任务 2
船舶数据分析

扫码看视频

 任务书

不论是从网络获取的数据还是原有数据库的数据，都有一些数据是不必要的脏数据，或者部分数据缺失，部分数据为空值，因此，对导入的数据要进行必要的清洗和处理操作才能完成数据的分析统计汇总工作。本任务是对船舶数据完成清洗操作，然后将原始数据中某一列拆分成若干数据列，为数据分析做好基础准备工作。原始数据[1]如图 8-5 所示。

	A	B	C	D	E	F	G	H	I
1	船名	船舶类型	船籍国	建造时间	船旗	IMO?号码	呼号/MMSI/船级	载重吨/总吨/净吨/水	船舶尺寸
2	CARANGOL NO. 1	Trawler	Angola	1973	Angola	7331185	D3R2134//RP	436/374/229/3. 3	55 x 9 m
3	ALPIARCA	Trawler	Angola	1958	Angola	5012503	D3R2137//RP	488/607/179/4. 034	57 x 9 m
4	SENHORA DA BOA VIAGEM	Trawler	Angola	1956	Angola	5320156	D3R2138//RP	1274/1173/390/4. 83	67 x 11 m
5	MRTR 0408	Trawler	Angola	1982	Angola	8135083	//RS	138/282/80/3. 429	
6	MISSANGA	Trawler	Angola	1984	Angola	8206442	//BV	210/286/103/3. 852	
7	KIMBRIZ	Trawler	Angola	1984	Angola	8206428	D3R2312//BV	210/293/71/3. 852	
8	SECIL BENGO	General Cargo Ship	Angola	1967	Angola	6727519	D3UC//	980/975/322/3. 556	62 x 11 m
9	SECIL MAR	General Cargo Ship	Angola	1961	Angola	5043461	D3UD//	769/499/269/3. 48	55 x 9 m
10	ATLANTIC PRIDE	Bulk / Oil Carrier	Bahamas	1981	Bahamas	7925015	C6OF9//	78507/45780/24885/14. 48	
11	MISS MAVIS	Trawler	Bahamas	1976	Bahamas	7644697	//	/102/0/	
12	FAS PROVENCE	Cargo ship	Bahamas	1986	Bahamas	8508436	C6QS5/308591000/	8049/6071/3039/6. 601	130 x 20 m
13	BIC IRINI	Cargo ship	Bahamas	1993	Bahamas	9006875	C6LI6/308321000/NV	103203/63709/27575/14. 817	243 x 42 m
14	BIC CLARE	Cargo ship	Bahamas	1992	Bahamas	9006863	C6LC3/308239000/NV	103203/63709/27575/14. 817	
15	MUREX-SEA TRIAL	LNG Tanker	Bahamas	2017	Bahamas	9705641	C6CH7/311000475/	83400/113000/0/	295 x 46 m
16	AL KHUWAIR	LNG Tanker	Bahamas	2008	Bahamas	9360908	C6VM6/311000140/ABS	109555/135848/41972/120	315 x 50 m
17	ASIA INTEGRITY	LNG Tanker	Bahamas	2017	Bahamas	9680188	C6BC8/311000227/	82636/101427/32639/	285 x 43 m
18	FPSO CID VITORIA	Tankers	Bahamas	1976	Bahamas	7403354	C6OL5/309745000/	274165/125775/98784/210	337 x 54 m
19	KAP FARVEL	Trawler	Australia	1976	Australia	7503192	V.JT6233//NV	500/627/190/4. 846	

图 8-5　原始数据

 工作准备

提示 1：数据去空去重操作

函数 duplicated()完成查询重复记录，可以按照某一列查询是否重复，也可以根据某一行记录判断是否重复，重复记录可以根据需求完成对应的删除操作，举例：

---

[1] 数据仅做操作使用，非正式数据。

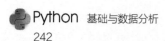

```
from pandas import DataFrame
import pandas as pd
data={'船名':['secial','miss','bic','lunar'],
   '船籍国':['巴拿马','澳大利亚','美国','中国'],
   '船舶类型':['油轮','货船','货船','油轮']}
df=DataFrame(data=data,index=[1,2,3,4])
#去重操作
df.duplicated()      #判断是否有重复
df.duplicated('船舶类型')  #判断船舶类型列是否有重复
df[df.duplicated('船舶类型')]    #提取出重复数据
df.drop_duplicates('船舶类型')
df=df.append(DataFrame({'船名':'secial','船籍国':'巴拿马','船舶类型
':'油轮'},index=[6]))
df=df.drop_duplicates()      #删除了重复的记录值
```

　　根据 data 数据构造后的 df 如图 8-6（a）所示；当直接使用 duplicated()函数时，是判断行记录之间是否重复，如果不相同，则所有行的返回值是 false，如图 8-6（b）所示；根据具体一列完成查重操作，比如说使用 duplicated('船舶类型')返回结果如图 8-6（c）所示；如果根据查重结果提取重复数据采用 df[df.duplicated('船舶类型')]，结果如图 8-6（d）所示；采用 drop_duplicates()函数完成删除重复记录，参数输入的是"船舶类型"，则将船舶类型相同的记录全部删去，但要注意的是不影响原始 df 表，如果想覆盖掉原有的 df 数据表，需要进行赋值操作，删除后的数据表如图 8-6（e）所示；如果删除完全相同的两条记录，则无需给输入参数，直接 drop_duplicates()函数实现，增加一条新的同样记录如图 8-6（f）所示，删除结果如图 8-6（g）所示。

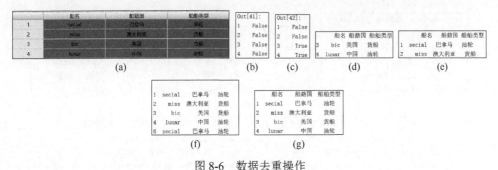

图 8-6　数据去重操作

提示 2：缺失值处理

　　当某一字段内容是 nan 或者是 None 的时候，可以考虑删除该行，但是这样会

造成其他列有效数据的丢失，因此，考虑不直接删除，而是采用三种方法填充：①固定数据直接填充该值；②采用前一个数据或后一个数据填充；③采用该列的平均值填充。举例如下：

```
df=df.append(DataFrame({'船名':'secial','船籍国':'巴拿马'},index=[6]))
df.isnull()   #判断是否有空 nan
#缺失值处理
df.dropna()   #删除该行
df.fillna('0')   #填充数据为固定值
df.fillna(method='pad')  #用前一个数据填充
df.fillna(method='bfill')   #用后一个数据填充
df["构造时间"]=2021
df.at[6,'构造时间']=None
df=df.fillna(df.mean())   #求取平均值填充数据
```

模拟完成新增一行数据的操作，索引是 6，其中数据不是全部给出，而是给出部分数据，此时，采用 isnull()函数判断某字段内容是否为空，输出结果如图 8-7（a）所示；通过 dropna()函数完成删除空字段所在行的操作，但是如果不赋值，删除操作完成后，不修改原始 df 数据表内容，删除后呈现如图 8-7（b）所示；将数字"0"填充到空项，结果如图 8-7（c）所示；如果选择的填充方法是"pad"，则用前一个字段数据内容完成填充，填充后的数据记录如图 8-7（d）所示；当填充方法采用"bfill"时，则用后一个字段数据内容完成填充。当需要用固定的平均值完成填充时，则需要采用 mean()函数嵌入使用，在本例中模拟增加了一列数据，数据内容全部填充 2021，又将索引为 6 的构造时间修改为 None，最后填充该数据内容，输出结果如图 8-7（e）所示。

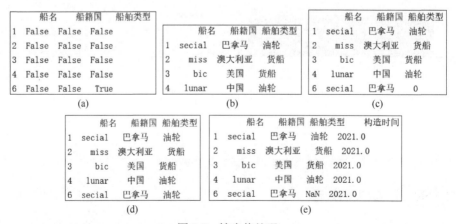

图 8-7　缺失值处理

描述性统计分析函数为 describe。该函数返回值有均值、标准差、最大值、最小值、分位数等。括号中可以带一些参数，如 percentitles=[0.2,0.4,0.6,0.8]就是指定只计算 0.2、0.4、0.6、0.8 分位数，而不是默认的 1/4、1/2、3/4 分位数。

常用的统计函数有：

① size：计数(此函数不需要括号)。

② sum()：求和。

③ mean()：平均值。

④ var()：方差。

⑤ std()：标准差。

分组命令格式：

常用命令形式如下：

```
df.groupby(by=['分类 1','分类 2'，…])['被统计的列'].agg({列别名 1：统计函数 1，列别名 2：统计函数 2，…})
```

参数含义：

① by 表示用于分组的列；

② []表示用于统计的列；

③ .agg 表示统计别名，显示统计值的名称，统计函数用于统计数据。常用的统计函数有：size 表示计数；sum 表示求和；mean 表示求均值。

1. 数据的基本统计（本部分代码采用 score.xlsx 文件的数据）

示例 1：基本统计分析方法 1。

假设需要统计某校软件工程专业各班的"操作系统""软件工程""航海概论"几门课的成绩。注意，为方便操作，系统中简化名称和说法。

```
import pandas as pd
import numpy as np
df=pd.read_excel(r'D:\teaching\python\second\score.xlsx')
#统计分析方法
print(df.head())
print(df.软件工程.describe())    #该函数返回均值、标准差、最大值、最小值、分位数等
```

输出结果是：

	学号	班级	姓名	...	操作系统	软件工程	航海概论
0	162146140101	软件工程161401	成龙	...	52	23	75
1	162146140102	软件工程161401	张毅	...	87	79	75
2	162146140103	软件工程161401	刘小青	...	88	86	60
3	162146140104	软件工程161401	王春丽	...	46	58	80
4	162146140106	软件工程161401	石佳苗	...	75	76	68

```
[5 rows x 9 columns]
```

```
count    9.000000
mean     70.555556
std      19.436506
min      23.000000
25%      75.000000
50%      77.000000
75%      79.000000
max      86.000000
Name: 软件工程, dtype: float64
```

示例2：基本统计分析方法2。

```
print(df.航海概论.size)
print(df.航海概论.max())
print(df.航海概论.min())
print(df.航海概论.sum())
print(df.航海概论.mean())
```

输出结果是：

```
9
89
60
668
74.22222222222223
```

2. 分组分析

数组分组分析是依据某一个或者某几列字段对数据集进行分组处理，可以在每组上面应用函数，比如说求取平均值、求和、最大值、最小值等，或者是对数据的具体操作。为了实现该分析方法，在 Pandas 中给出了 groupby 方法，配合 agg 方法或者 apply 方法可以实现分组聚合的基本操作。

示例 3：Groupby 函数操作。

```
print(df.groupby('班级')['软件工程','航海概论'].mean())
```

输出结果是：

班级	软件工程	航海概论
软件工程 161401	64.40	71.6
软件工程 161402	78.25	77.5

① 求取"软件工程"每一个班的平均分。

```
df.groupby('班级')['软件工程'].mean()
```

② 求单独一列的总分。

```
df.groupby('班级')['软件工程'].sum()
```

③ 求"取软件工程""航海概论"的班级平均分。

```
df.groupby('班级')['软件工程','航海概论'].mean()
```

④ 求取最大值、最小值、均值等。

```
df.groupby('班级').describe()
```

⑤ 求取所有列的最大值。

```
df.groupby('班级').max()
```

⑥ 获取每个班中男生、女生分别的"软件工程""航海概论"的平均分。

```
df2=df.groupby(['性别','班级'])['软件工程','航海概论'].mean()
```

⑦ 求取"软件工程""航海概论"的班级平均分。

```
df.groupby('班级').agg({'软件工程':'mean','航海概论':'mean'})
```

⑧ 求取"软件工程"最高分和平均分，求取"航海概论"平均分。

```
df1=df.groupby('班级').agg({'软件工程':['mean','max'],'航海概论':
'mean'})
df1.columns=['软件工程均值','软件工程最大值','航海概论均值']
df1=df.groupby(['班级','性别']).agg({'软件工程':['mean','max'],'航海
概论':'mean'})
df1.columns=['软件工程均值','软件工程最大值','航海概论均值']
df1.index=['软件工程一班男生','软件工程一班女生','软件工程二班男生','软件工
程二班女生']
```

⑨ 自定义方法完成平均值、最大值、最小值的计算。

```
def_c=lambda x:sum(x)
df1=df.groupby('班级').agg({'软件工程':['mean','max'],'航海概论':
['sum',def_c]})
```

⑩ 计算每位学生的总分。

```
df['总分']=df.JavaWeb项目实训+df.JavaWeb应用开发+df.Oracle数据库开发
技术+df.操作系统+df.软件工程+df.航海概论
bins=[min(df.总分)-1,400,500,max(df.总分)+1]
df['总分范围']=pd.cut(df.总分,bins,labels=['400分以下','400-500分
','500分以上'])
```

其中，cut 方法用来把一组数据分割成离散的区间，并用 labels 打上标签。
输出结果是：

	学号	班级	姓名	JavaWeb项目实训	JavaWeb应用开发	Oracle数据库开发技术	操作系统	软件工程	航海概论	总分	总分分层
0	162146140101	软件工程161401	成龙	79	60	56	52	23	75	345	400分以下
1	162146140102	软件工程161401	张毅	83	80	78	87	79	75	482	400-500分
2	162146140103	软件工程161401	刘小青	77	100	95	88	86	60	506	500分以上
3	162146140104	软件工程161401	王春丽	15	70	68	46	58	80	337	400分以下
4	162146140106	软件工程161401	石佳苗	84	80	73	75	76	68	456	400-500分
5	162146140107	软件工程161402	何晓章	80	80	79	82	79	87	487	400-500分
6	162146140108	软件工程161402	李晓峰	80	76	81	60	82	69	448	400-500分
7	162146140109	软件工程161402	尚宝登	73	32	52	40	77	65	339	400分以下
8	162146140110	软件工程161402	王野	77	70	80	48	75	89	439	400-500分

⑪ 根据"软件工程"这门课的成绩给定评分等级，90～100 分给定"优"，70～
90 分给定"良"，60～70 分给定"及格"，60 分以下给定"不及格"。

```
bins=[min(df.软件工程)-1,59,69,89,100]
df['软件工程等级']=pd.cut(df.软件工程,bins,labels=['不及格','及格','良',
'优'])
```

3．交叉分析

透视表是一种可以对数据动态排布并且分类汇总的表格格式。或许大多数人都
在 Excel 中使用过数据透视表，也体会到它的强大功能，而在 Pandas 中它被称作
pivot_table。举例：

```
from pandas import pivot_table
print(df.pivot_table(index=["班级","学号","姓名","JavaWeb应用开发","航
海概论","JavaWeb项目实训","Oracle数据库开发技术","操作系统","软件工程","总分"]))
print(df.pivot_table(values=['总分'],index=['总分分层'],columns=['姓
名'],aggfunc=[np.mean]))
```

输出：

姓名 总分分层	总分 何晓章	刘小青	尚宝登	张毅	成龙	李晓峰	王春丽	王野	石佳苗
400分以下	0	0	339	0	345	0	337	0	0
400-500分	487	0	0	482	0	448	0	439	456
500分以上	0	506	0	0	0	0	0	0	0

举例：

```
import numpy as np
df = pd.DataFrame({"A": ["foo", "foo", "foo", "foo", "foo","bar",
"bar", "bar", "bar"],"B":["one", "one", "one", "two", "two","one", "one",
"two", "two"], "C": ["small", "large", "large", "small","small","large",
"small", "small", "large"],"D": [1, 2, 2, 3, 3, 4, 5, 6, 7],"E": [2, 4,
5, 5, 6, 6, 8, 9, 9]})
table = pd.pivot_table(df, values='D', index=['A'],aggfunc=np.sum)
table = pd.pivot_table(df, values='D', index=['A','B'],aggfunc=np.sum)
table = pd.pivot_table(df, values='D', index=['A','B'], columns=['C'],
aggfunc=np.sum)
```

输出结果如图 8-8 所示。

	D
bar	22
foo	11

	D
bar/one	9
bar/two	13
foo/one	5
foo/two	6

	large	small
bar/one	4.00000	5.00000
bar/two	7.00000	6.00000
foo/one	4.00000	1.00000
foo/two	nan	6.00000

图 8-8 输出结果

4．相关分析

相关性是两个变量之间关联的度量。当两个变量都有正态分布时，很容易计算和解释。而当我们不知道变量的分布时，我们必须使用非参数的秩相关（rank correlation，或称为等级相关）方法。相关性是指两个变量的观测值之间的关联。变量可能有正相关，即当一个变量的值增加时，另一个变量的值也会增加。也可能有负相关，意味着随着一个变量的值增加，其他变量的值减小。变量也可能是中立的，也就是说变量不相关。相关性的量化通常为值-1~1 之间的度量，即完全负相关和完全正相关，计算出的相关结果被称为"相关系数"。可以通过解释该相关系数以描述度量。

示例4：电商数据案例相关数据分析。

现有某电商网站销售数据并摘取了部分数据，包含了鼠标、键盘、音箱等产品的销售记录。现对各产品之间的销售情况做相关分析。代码如下：

```
#-*-coding:utf-8_*_
'''电商产品销量数据相关性分析'''
#导入数据
import pandas as pd
data= pd.read_excel(r'i_nuc.xls')
```

序号	日期	优盘	电子表	电脑支架	插座	电池	音箱	鼠标	usb数据	充电线	键盘
0	2017/1/1	17	6	8	24	13	13	18	10	10	27
1	2017/1/2	11	15	14	13	9	10	19	13	14	13
2	2017/1/3	10	8	12	13	8	3	7	11	10	9
3	2017/1/4	9	6	6	3	10	9	9	13	14	13
4	2017/1/5	4	10	13	8	12	10	17	11	13	14
5	2017/1/6	13	10	13	16	8	9	12	11	5	9
6	2017/1/7	9	7	13	8	5	7	10	8	10	7
7	2017/1/8	9	12	13	6	7	8	6	12	11	5
8	2017/1/9	6	8	8	3	NaN	4	5	5	7	10

上面给出了产品的部分销售记录数据。下面分析每个产品两两之间的相关性。

```
#计算相关系数矩阵，即计算出任意两个产品之间的相关系数
data.corr()
```

	优盘	电子表	电脑支架	插座	电池	音箱	鼠标	usb数据线/手机	充电线	键盘
优盘	1.000000	-0.131271	-0.121857	0.843202	0.175412	0.473265	0.351844	0.232301	-0.229953	0.538642
电子表	-0.131271	1.000000	0.713905	-0.021262	-0.173136	0.106855	0.286148	0.403583	0.214452	-0.321160
电脑支架	-0.121857	0.713905	1.000000	0.134975	-0.492764	-0.042747	0.226747	0.226003	-0.020200	-0.465729
插座	0.843202	-0.021262	0.134975	1.000000	0.411303	0.507090	0.617310	0.174203	-0.221864	0.653799
电池	0.175412	-0.173136	-0.492764	0.411303	1.000000	0.664052	0.649967	0.265782	0.295992	0.859500
音箱	0.473265	0.106855	-0.042747	0.507090	0.664052	1.000000	0.800886	0.450641	0.325051	0.675620
鼠标	0.351844	0.286148	0.226747	0.617310	0.649967	0.800886	1.000000	0.375950	0.368898	0.672345
usb数据线/手机	0.232301	0.403583	0.226003	0.174203	0.265782	0.450641	0.375950	1.000000	0.597871	0.064631
充电线	-0.229953	0.214452	-0.020200	-0.221864	0.295992	0.325051	0.368898	0.597871	1.000000	0.182612
键盘	0.538642	-0.321160	-0.465729	0.653799	0.859500	0.675620	0.672345	0.064631	0.182612	1.000000

从上面的数据分析可以看出，键盘和鼠标、电池以及插座等相关系数比较大，也就是说，消费者在购买键盘的时候大多数都购买了鼠标和电池，这也符合常识。下面再单独计算键盘和鼠标之间的相关系数。代码如下：

```
data['键盘'].corr(data['鼠标'])
```

输出结果是：

0.6723445336771876

这个系数在各个产品之间相对来说还是比较高的。

下面再分析一下鼠标和其他产品之间的关系。

```
data.corr()['鼠标']
```

输出结果是：

优盘	0.351844
电子表	0.286148
电脑支架	0.226747
插座	0.617310
电池	0.649967
音箱	0.800886
鼠标	1.000000
usb数据线/手机	0.375950
充电线	0.368898
键盘	0.672345

从数据分析来看，鼠标和键盘、电池之间的关联比较大。

示例5：成绩数据的相关性分析。

```
df=pd.read_excel(r'.\data\score.xlsx')
print(df.loc[:,['JavaWeb项目实训','JavaWeb应用开发','Oracle数据库开发技术','操作系统','软件工程','航海概论']].corr())
```

输出结果是：

	JavaWeb项目实训	JavaWeb应用开发	Oracle数据库开发技术	操作系统	软件工程	航海概论
JavaWeb项目实训	1.000000	0.124829	0.198939	0.444331	0.239673	-0.198001
JavaWeb应用开发	0.124829	1.000000	0.902832	0.800251	0.342390	-0.028903
Oracle数据库开发技术	0.198939	0.902832	1.000000	0.698368	0.625452	-0.018345
操作系统	0.444331	0.800251	0.698368	1.000000	0.442391	-0.181445
软件工程	0.239673	0.342390	0.625452	0.442391	1.000000	-0.198100
航海概论	-0.198001	-0.028903	-0.018345	-0.181445	-0.198100	1.000000

 工作实施

1. 读取数据

数据文件是 data 文件夹下的 newship.csv 文件。

```
# -*- coding: utf-8 -*-
import pandas as pd
```

```
ship=pd.read_csv(r'data/newship.csv',encoding='gbk')
```

2. 数据处理操作。

（1）统计表中有多少艘船

```
ship['船名'].count()
ship['船名'].unique().shape[0]   #独一无二的
```

（2）船的平均年龄

```
format('%.f年'%ship['建造时间'].mean())
import datetime
datetime.datetime.now().year-int(ship['建造时间'].mean())
```

（3）建造时间最新的船

```
ship.iloc[ship['建造时间'].idxmax()]['船名']   #idxmax函数求取最大值的行索引
ship.iloc[ship['建造时间'].idxmin()]['船名']
id=ship['建造时间'].max()
ship[ship['建造时间']==id]['船名']
```

（4）分析载重吨总数

① 载重吨/总吨/净吨水一列拆三列；船舶尺寸拆三列。

```
ship['载重吨/总吨/净吨水']=ship['载重吨/总吨/净吨水'].str.strip()
new=ship['载重吨/总吨/净吨水'].str.split('/',4,True)
new.columns=['载重吨','总吨','净吨水','?']
ship1=pd.concat([ship,new],axis=1)
```

② 计算载重吨总数。

```
ship1['载重吨']=ship1['载重吨'].apply(pd.to_numeric)   #apply对这一列
应用函数
ship1['载重吨'].sum()
'e'+'3'
4+4
```

③ 统计载重量最大、最小船舶名称。

```
ship.iloc[ship1['载重吨'].idxmax()]['船名']
ship.iloc[ship1['载重吨'].idxmin()]['船名']
ship2=ship1.sort_values(by='载重吨')
ship2.index=range(0,20)
ship2.iloc[0]['船名']
```

④ 统计每一种船的载重吨、尺寸大小。

```
c=ship1[['船舶类型','载重吨','船舶尺寸']]
c=c.drop_duplicates()
c=c.dropna()
```

（5）喜好：统计每个国家偏好买哪一类船（船的排序）

```
table=ship.groupby(by=[' 船 籍 国 ',' 船 舶 类 型 ']).count()[' 船 名
'].unstack()  #unstack数据不堆叠
table.idxmax(axis=1)
```

（6）统计在服役的船只每个国家有多少，计算每个国家的船只个数

```
table=ship.groupby(by=['船籍国']).count()['船名']
```

（7）统计每个国家的载重吨的最大、最小、平均值

```
da=ship1.groupby('船籍国').agg({'载重吨':['mean','min','max']})
```

（8）分布分析

```
#频率分析,建造时间,统计在某年制造了多少艘船,制造频率？分段考虑，累计频率
cx=ship['建造时间'].value_counts()    #统计个数和
r_cx=pd.DataFrame(cx)
r_cx.columns=['频数']
r_cx['频率']=r_cx['频数']/r_cx['频数'].sum()
r_cx['频率%']=r_cx['频率'].apply(lambda x:'%.2f%%'%(x*100))
r_cx=r_cx.sort_index()
r_cx['累计频率']=r_cx['频率'].cumsum()  #累积和
r_cx['累计频率%']=r_cx['累计频率'].apply(lambda x:'%.2f%%'%(x*100))
#根据1950-1969,1970-1989、1990之后分布
bins=[min(ship.建造时间)-1,1969,1989,max(ship.建造时间)+1]
ship['总分分层']=pd.cut(ship.建造时间,bins,labels=['1','2','3']) #.总
分分层已创建好的列使用
def get_section(string):
    if string>=1950 and string <1970:
        x=1
    elif string>=1970 and string<1990:
        x=2
    elif string>=1990:
        x=3
```

```
        return x
# get_section(1970)
mid=ship['建造时间'].apply(get_section)
ship=pd.concat([ship,mid],axis=1)
c=ship.groupby('总分分层').count()['船名']
r_c=pd.DataFrame(c)
r_c.index=['1950-1969','1970-1989','1990 以上']
r_c.columns=['船只制造个数']
r_c['船只制造个数频率']=r_c['船只制造个数']/r_c['船只制造个数'].sum()
```

（9）透视表

```
import numpy as np
table1=pd.pivot_table(ship1,index=['船籍国','船舶类型'],values=['总
吨'],aggfunc=np.sum)
table2=ship1.groupby(['船籍国','船舶类型']).sum()['载重吨'].unstack()
```

思考：补充本部分将行列尺寸转换成两列数据的程序。

编写代码并运行

查阅资料，根据电子资源中提供的"nanjing.csv"表（南京 2021 年 8 月份的＊＊网站的房源信息），请读者完成如下操作：

① 读入房源信息数据表；

② 输出前 10 行数据；

③ 判断数据字段为" "时，完成数据替换，数据值为 0；

④ 找出最老的房源；

⑤ 找出最新的房源；

⑥ 根据用户输入的小区名统计该小区的房源；

⑦ 根据用户输入的地点名称统计该地区的房源；

⑧ 统计每一个小区有多少房子；

⑨ 统计每个小区的房屋平均价额；

⑩ 找到单价最贵的房子；

⑪ 找到单价最便宜的房子。

附录 1
Numpy 函数

1. 数学运算函数

序号	函数	描述
1	numpy.add()	按元素添加参数
2	numpy.subtract()	按元素减去参数
3	numpy.multiply()	按元素乘以参数
4	numpy.divide()	按元素除以参数

2. 三角函数

序号	函数	描述
1	numpy.sin()	三角正弦，逐元素
2	numpy.cos()	三角余弦，逐元素
3	numpy.tan()	三角正切，逐元素
4	numpy.arcsin()	三角反正弦，逐元素
5	numpy.arccos()	三角反余弦，逐元素
6	numpy.arctan()	三角反正切，逐元素
7	numpy. radians	将角度从度数转换为弧数

3．逻辑与比较运算函数

序号	函数	描述
1	numpy.all()	测试沿给定轴的所有数组元素是否评估为 True
2	numpy.any()	测试沿给定轴的任何数组元素是否评估为 True
3	numpy.array_equal()	如果两个数组具有相同的形状和元素，则为 True，否则为 False
4	numpy.around()	均匀四舍五入到给定的小数位数
5	numpy.equal()	按元素返回 (x1 == x2)
6	numpy.greater_eaual()	按元素返回 (x1 >= x2) 的真值
7	numpy.greater()	按元素返回 (x1 > x2) 的真值
8	numpy.isclose()	返回一个布尔数组，其中两个数组在容差内按元素相等
9	numpy.iscomplex()	返回一个 bool 数组，如果输入元素为复数，则为 True
10	numpy.isfinite()	逐元素测试有限性（不是无穷大或不是数字）
11	numpy.isinf()	逐元素测试正无穷大或负无穷大
12	numpy.isnan()	逐元素测试 NaN 并将结果作为布尔数组返回
13	numpy.isneginf()	逐元素测试负无穷大，将结果作为 bool 数组返回
14	numpy.isposinf()	逐元素测试正无穷大，返回结果为 bool 数组
15	numpy.isreal()	返回一个 bool 数组，如果输入元素为实数，则为 True
16	numpy.isscalar()	如果 num 的类型是标量类型，则返回 True
17	numpy.less_equal()	按元素返回 (x1 ==< x2) 的真值
18	numpy.less()	按元素返回 (x1 < x2) 的真值
19	numpy.logical_and()	按元素计算 x1 AND x2 的真值
20	numpy.logical_and()	按元素计算 NOT x 的真值
21	numpy.logical_or()	按元素计算 x1 OR x2 的真值
22	numpy.logical_xor()	按元素计算 x1 XOR x2 的真值

4．统计函数

序号	函数	描述
1	numpy.amin()	用于计算数组中的元素沿指定轴的最小值
2	numpy.amax()	返回数组的最大值或沿轴的最大值
3	numpy.average()	计算沿指定轴的加权平均值
4	numpy.bincount()	计算非负整数数组中每个值的出现次数
5	numpy.corrcoef()	返回 Pearson 积矩相关系数
6	numpy.mean()	计算沿指定轴的算术平均值
7	numpy.median()	计算沿指定轴的中位数
8	numpy.percentile()	返回数组的最大值或沿轴的最大值，忽略任何 NaN
9	numpy.ptp()	沿轴的值范围（最大值–最小值）

序号	函数	描述
10	numpy.std()	计算沿指定轴的标准偏差
11	numpy.var()	计算沿指定轴的方差
12	numpy.cov()	给定数据和权重,估计协方差矩阵
13	numpy.nanmedian()	沿指定轴计算中位数,同时忽略 NaN
14	numpy.nanmean()	计算沿指定轴的算术平均值,忽略 NaN
15	numpy.nanstd()	计算沿指定轴的标准偏差,同时忽略 NaN
16	numpy.nanvar()	计算沿指定轴的方差,同时忽略 NaN

5. 组合函数

序号	函数	描述
1	numpy.stack()	沿新轴连接一系列数组
2	numpy.column_stack()	将一维数组作为列堆叠到二维数组中
3	numpy.dstack()	按顺序深度堆叠数组(沿第三轴)
4	numpy.hstack()	水平(按列)按顺序堆叠数组
5	numpy.vstack()	垂直(按行)按顺序堆叠数组

6. 分割函数

序号	函数	描述
1	numpy.split()	将一个数组拆分为多个子数组
2	numpy.vsplit()	将数组垂直(按行)拆分为多个子数组
3	numpy.hsplit()	将数组水平(按列)拆分为多个子数组
4	numpy.array_split()	将一个数组拆分为多个子数组
5	numpy.dsplit()	沿第 3 轴(深度)将数组拆分为多个子数组

附录 2
Pandas 函数

1. 数据读写

序号	函数	描述
1	pandas.read_csv()	读取 csv,tsv,txt
2	pandas.read_excel()	读取 xls,xlsx
3	pandas.read_sql	读取 mysql 数据库
4	pandas.read_json()	读取 json 文件
5	pandas.read_html()	读取 html 文件

2. SERIES 对象

序号	函数	描述
1	series.abs()	返回一个取绝对值的对象——仅适用于所有数字的对象
2	series.add()	添加系列和其他元素（二元运算符 add）
3	series.aggregate()	使用可调用、字符串、字典或字符串/可调用列表进行聚合
4	series.apply()	对 series 的值调用函数

序号	函数	描述
5	series.any()	返回请求轴上是否有任何元素为 True
6	series.astype()	将对象投射到输入 numpy.dtype，当 copy = True 时返回一个副本
7	series.between()	返回相当于 left <= series <= right 的布尔系列。NA 值将被视为 False
8	series.cat()	系列值的分类属性的访问器对象
9	series.clip_lower()	返回值低于给定值的输入副本被截断
10	series.clip_upper()	返回值高于给定值的输入副本被截断
11	series.clip()	在输入阈值处调整值
12	series.combine()	当一个系列或另一个系列缺少索引时，使用具有可选填充值的给定函数对两个系列执行元素二元运算
13	series.copy()	制作此对象数据的副本
14	series.corr()	计算与 other 系列的相关性，排除缺失值
15	series.count()	返回系列中非 NA/空观察的数量
16	series.cov()	用系列计算协方差，不包括缺失值
17	series.cummax()	返回请求轴上的累积最大值
18	series.cummin()	返回请求轴上的累积最小值
19	series.cumprod()	返回请求轴上的累积乘积
20	series.cumsum()	返回请求轴上的累积总和
21	series.describe()	生成描述性统计数据，总结数据集分布的集中趋势、分散和形状，不包括 NaN 值
22	series.diff()	对象的第一离散差异
23	series.div()	系列和其他元素的浮动除法（二元运算符 truediv）
24	series.drop_duplicates()	返回删除重复值的系列
25	series.drop()	返回已删除请求轴中标签的新对象
26	series.dropna()	返回没有空值的系列
27	series.dt()	系列值的类似日期时间的属性的访问器对象
28	series.dtype()	返回底层数据的 dtype 对象
29	series.duplicated()	返回表示重复值的布尔系列
30	series.equals()	确定两个 NDFrame 对象是否包含相同的元素。同一位置的 NaN 被认为是相等的
31	series.ewm()	提供指数加权函数
32	series.expanding()	提供扩展转换
33	series.factorize()	将对象编码为枚举类型或分类变量
34	series.fillna()	使用指定的方法填充 NA/NaN 值
35	series.first_valid_index()	返回第一个非 NA/空值的标签
36	series.ftype()	如果数据是稀疏的则返回 sparse，否则返回 dense
37	series.ge()	大于或等于系列和其他，按元素返回布尔值
38	series.get()	从给定键（DataFrame 列、Panel 切片等）的对象中获取项目。如果未找到，则返回默认值

序号	函数	描述
39	series.groupby()	使用映射器（字典或键函数，将给定函数应用于组，将结果作为系列返回）或按一系列列对系列进行分组
40	series.gt()	大于系列和其他元素，按元素返回布尔值
41	series.head()	返回前 n 行
42	series.hist()	使用 matplotlib 绘制输入序列的直方图
43	series.idxmax()	第一次出现最大值的索引
44	series.idxmin()	第一次出现最小值的索引
45	series.iloc()	纯粹基于整数位置的索引，用于按位置选择
46	series.interpolate()	根据不同的方法插值
47	series.unique()	如果对象中的值是唯一的，则返回布尔值
48	series.isin()	按元素返回布尔值，value 是否包含在 Series 中
49	series.isnull()	按元素返回一个与布尔值相同大小的对象，指示值是否为空
50	series.itemsize()	返回基础数据项的 dtype 大小
51	series.le()	小于或等于系列和其他元素，按元素返回布尔值
52	series.loc()	纯粹基于标签位置的索引器，用于按标签进行选择
53	series.lt()	小于系列和其他元素，按元素返回布尔值
54	series.mad()	返回请求轴的值的平均绝对偏差
55	series.map()	使用输入对应关系映射系列的值（可以是字典、系列或函数）
56	series.max()	此方法返回对象中的最大值
57	series.mean()	返回请求轴的平均值
58	series.median()	返回请求轴的值的中位数
59	series.min()	此方法返回对象中的最小值
60	series.notnull()	返回一个布尔值相同大小的对象，指示值是否不为空
61	series.nunique()	返回对象中唯一元素的数量
62	series.pow()	系列和其他元素的指数幂
63	series.prod()	返回请求轴的值的乘积
64	series.quantile()	返回给定分位数的值
65	series.radd()	添加系列和其他元素
66	series.reindex_like()	将具有匹配索引的对象返回给自己
67	series.reindex()	使 series 与具有可选填充逻辑的新索引一致，将 NA/NaN 放置在先前索引中没有值的位置
68	series.rename()	更改轴输入功能或功能
69	series.var()	返回请求轴上的无偏方差
70	series.values()	根据 dtype 将系列返回为 ndarray 或 ndarray-like
71	series.value_counts()	返回包含唯一值计数的对象
72	series.update()	使用来自传递的系列的非 NA 值修改系列。在索引上对齐
73	series.unique()	返回对象中的唯一值

序号	函数	描述
74	series.transform()	调用函数生成一个类似索引的 NDFrame 并返回一个带有转换值的 NDFrame
75	series.to_json()	将对象转换为 JSON 字符串
76	series.tail()	返回最后 n 行
77	series.T	返回转置，根据定义是 self
78	series.sum()	返回请求轴的值的总和
79	series.sub()	系列和其他元素的减法（二元运算符 sub）
80	series.str()	系列和索引的矢量化字符串函数
81	series.std()	返回请求轴上的样本标准偏差
82	series.sort_values()	按任一轴上的值排序
83	series.sort_index()	按标签排序对象（沿轴）
84	series.size	返回底层数据中的元素数
85	series.shape()	返回基础数据形状的元组
86	series.sample()	从对象轴返回项目的随机样本

3. DataFrame 对象

序号	函数	描述
1	dataframe.abs()	返回一个取绝对值的对象——仅适用于所有数字的对象
2	dataframe.add()	添加数据框和其他元素（二元运算符 add）
3	dataframe.all()	返回请求轴上的所有元素是否为 True
4	dataframe.any()	返回请求轴上是否有任何元素为 True
5	dataframe.append()	将行附加 other 到此帧的末尾，返回一个新对象。不在此框架中的列将作为新列添加
6	dataframe.apply()	沿 DataFrame 的输入轴应用函数
7	dataframe.as_matrix()	将帧转换为其 Numpy 数组表示
8	dataframe.astype()	将对象投射到输入 numpy.dtype，当 copy = True 时返回一个副本
9	dataframe.axes()	返回一个列表，其中行轴标签和列轴标签作为唯一成员。它们按该顺序返回
10	dataframe.clip_lower()	返回值低于给定值的输入副本被截断
11	dataframe.clip_upper()	返回值高于给定值的输入副本被截断
12	dataframe.clip()	在输入阈值处调整值
13	dataframe.copy()	制作此对象数据的副本
14	dataframe.corr()	计算列的成对相关性，不包括 NA/空值
15	dataframe.count()	返回具有请求轴上非 NA/空观察数量的系列
16	dataframe.cov()	计算列的成对协方差，不包括 NA/空值
17	dataframe.cummax()	返回请求轴上的累积最大值
18	dataframe.cummin()	返回请求轴上的累积最小值

序号	函数	描述
19	dataframe.cumpord()	返回请求轴上的累积乘积
20	dataframe.cumsum()	返回请求轴上的累积总和
21	dataframe.describe()	生成描述性统计数据，总结数据集分布的集中趋势、分散和形状，不包括 NaN 值
22	dataframe.div()	数据帧和其他元素的浮动除法（二元运算符 truediv）
23	dataframe.drop_duplicates()	返回删除重复行的 DataFrame，可选择仅考虑某些列
24	dataframe.drop()	返回已删除请求轴中标签的新对象
25	dataframe.dropna()	返回在给定轴上带有标签的对象，或者在缺少任何或所有数据的情况下省略
26	dataframe.dtypes()	返回此对象中的数据类型
27	dataframe.duplicated()	返回表示重复行的布尔系列，可选择仅考虑某些列
28	dataframe.equals()	确定两个 NDFrame 对象是否包含相同的元素。同一位置的 NaN 被认为是相等的
29	dataframe.fillna()	使用指定的方法填充 NA/NaN 值
30	dataframe.fitter()	根据指定索引中的标签对数据框的行或列进行子集
31	dataframe.get_dtype_counts()	返回此对象中 dtype 的计数
32	dataframe.groupby()	按一系列列对系列进行分组
33	dataframe.head()	返回前 *n* 行
34	dataframe.tail()	返回后 *n* 行
35	dataframe.idxmax()	返回请求轴上第一次出现最大值的索引。不包括 NA/空值
36	dataframe.idxmin()	返回请求轴上第一次出现最小值的索引。不包括 NA/空值
37	dataframe.iloc()	纯粹基于整数位置的索引，用于按位置选择
38	dataframe.info()	DataFrame 的简明摘要
39	dataframe.isin()	返回布尔数据帧，显示数据帧中的每个元素是否包含在值中
40	dataframe.isnull()	返回一个布尔值相同大小的对象，指示值是否为空
41	dataframe.join()	在索引或键列上将列与其他 DataFrame 连接
42	dataframe.loc()	纯粹基于标签位置的索引器，用于按标签进行选择
43	dataframe.max()	此方法返回对象中的最大值
44	dataframe.mean()	返回请求轴的平均值
45	dataframe.median()	返回请求轴的值的中位数
46	dataframe.melt()	将 DataFrame 从宽格式"逆透视"为长格式，可选择保留标识符变量集
47	dataframe.merge()	通过按列或索引执行数据库样式的连接操作来合并 DataFrame 对象
48	dataframe.min()	此方法返回对象中的最小值
49	dataframe.notnull()	返回一个布尔值相同大小的对象，指示值是否不为空
50	dataframe.pivot()	根据列值重塑数据（生成"数据透视表"）
51	dataframe.quantile()	返回请求轴上给定分位数的值
52	dataframe.query()	使用布尔表达式查询框架的列

序号	函数	描述
53	dataframe.reindex_axis()	使用可选的填充逻辑使输入对象与新索引一致，将 NA/NaN 放置在前一个索引中没有值的位置
54	dataframe.reindex_like()	将具有匹配索引的对象返回给自己
55	dataframe.reindex()	使用可选的填充逻辑使 DataFrame 符合新索引，将 NA/NaN 放置在前一个索引中没有值的位置
56	dataframe.rename_axis()	使用输入函数或函数更改索引和/或列
57	dataframe.rename()	更改轴输入功能或功能
58	dataframe.replace()	将 'to_replace' 中给出的值替换为 'value'
59	dataframe.resample()	时间序列的频率转换和重采样的便捷方法
60	dataframe.reset_index()	对于具有多级索引的 DataFrame，在索引名称下的列中返回带有标签信息的新 DataFrame，默认为'level_0'、'level_1'等，如果有的话为 None
61	dataframe.round()	将 DataFrame 舍入到可变的小数位数
62	dataframe.sample()	从对象轴返回项目的随机样本
63	dataframe.set_index()	使用一个或多个现有列设置 DataFrame 索引（行标签）
64	dataframe.shape()	返回一个表示 DataFrame 维度的元组
65	dataframe.size	NDFrame 中的元素数量
66	dataframe.sort_index()	按标签排序对象（沿轴）
67	dataframe.sort_vlaues()	按任一轴上的值排序
68	dataframe.stack()	重塑 dataframe，旋转（可能是分层）列标签的一个级别，返回一个 DataFrame（或在具有单级列标签的对象的情况下为 Series）具有带有新的最内层行标签的分层索引
69	dataframe.std()	返回请求轴上的样本标准偏差
70	dataframe.sum()	返回请求轴的值的总和
71	dataframe.T	转置索引和列
72	dataframe.transform()	调用函数生成一个类似索引的 NDFrame 并返回一个带有转换值的 NDFrame
73	dataframe.transpose()	转置索引和列
74	dataframe.unstack()	旋转（必须是分层的）索引标签的级别，返回具有新级别的列标签的 DataFrame，其最内层由旋转的索引标签组成
75	dataframe.values()	NDFrame 的 Numpy 表示
76	dataframe.var()	返回请求轴上的无偏方差

4. 统计函数

序号	函数	描述
1	df.sum()	值的总和(df 为 pandas 对象)
2	df.count()	非 NA 值的数量
3	df.min()	计算最小值
4	df.max()	计算最大值

序号	函数	描述
5	df.mean()	值的平均数
6	df.median()	值的算术中位数
7	df.abs()	值的绝对值
8	df.mad()	根据平均值计算平均绝对离差
9	df.var()	样本值的方差
10	df.std()	样本值的标准差
11	df.quantile()	计算样本的分位数
12	df.nunique()	获取唯一值的个数
13	df.idxmax()	获取最大值的索引值
14	df.idxmin()	获取最小值的索引值
15	df.argmin()	获取最小值的索引位置
16	df.argmax()	获取最大值的索引位置
17	df.value_counts()	获取唯一值和对应的频数

参 考 文 献

[1] 黄红梅, 等. Python 数据分析与应用[M]. 北京: 人民邮电出版社, 2018.

[2] 董付国. Python 数据分析、挖掘与可视化[M]. 北京: 人民邮电出版社, 2020.

[3] 梁勇, Python 语言程序设计[M]. 北京: 机械工业出版社, 2018.

[4] Magnus Lie Hetland. Python 基础教程[M]. 袁国忠译. 北京: 人民邮电出版社, 2010.

[5] 余本国. 基于 Python 数据分析基础[M]. 北京: 清华大学出版社, 2017.

[6] Wes McKinney. 利用 Python 进行数据分析[M]. 唐学韬, 等译. 北京: 机械工业出版社, 2014.

[7] Mark Lutz. Python 学习手册[M]. 李军, 等译. 北京: 机械工业出版社, 2011.

[8] Jacqueline Kazil, 等. Python 数据处理[M]. 张亮等译. 北京: 人民邮电出版社, 2011.

本书配有丰富在线资源

➢ **扫码可观看书中实例录屏视频（160 多个）**

位置	二维码	位置	二维码	位置	二维码
项目一		项目四		项目七	
项目二		项目五		项目八	
项目三		项目六			

➢ **赠同步电子书**

☑ **嵌入视频：** 无需扫码，直接观看
☑ **搜索浏览：** 知识点快速定位
☑ **重新排版：** 更适合移动端阅读
☑ **离线下载：** 随时随地，想看就看
☑ **留言咨询：** 与作者及同行交流

➢ **丰富线上资源不断更新中**

配套视频： 案例录屏视频生动直观
配套课件： 匹配教材深度讲解
在线交流： 入群分享交流学习体验

微信扫描二维码
获取资源或服务